KB245743

스마트
생명자원경제론

스마트
생명자원경제론

전성군 · 송춘호 지음

머리말

　최근 스마트미디어의 발전은 가히 혁신적이라 할 수 있다. 이러한 변화의 시대에 보조를 같이한다는 의미에서 책의 표제를 <스마트생명자원경제론>으로 붙였다.

　우리나라 사람들은 선진국 사람들에 비해 생명 경제학에 대해 훨씬 모른다. 왜 그럴까, 여러 가지 이유가 있지만, 학창 시절에 생명경제이론에 대해 제대로 배우지 못한 탓이 크다.

　초·중학교 때는 교육과정에 내용이 아예 없고, 고등학교 때는 농업계 고등학교를 제외한 일반 고등학교에는 변변한 학습기회가 없었다. 기회가 일부 있었다 해도 학습내용이 실용적이지 못한데다가 대입시 주요 과목이나 일반경제이론에 밀려 제대로 배우기 매우 어렵다. 대학에서도 전공이 경제학이나 생명경제에 관련된 분야가 아니면 공부할 기회를 흘려보내기 일쑤다.

　그 결과 어엿한 사회인이 되고 나서도 신문에 난 생명경제 관련 기사를 간단한 것조차 이해하지 못하는 이들이 많다. 그런데 막상 학교를 마치고 농촌 농업 관련 일터로 나와 보면 사회생활이란 곧 생명경제와 관련된 경제생활이나 다름없다는 사실을 금방 알게 된다. 다른 건 몰라도 농촌경제가 어떻게 돌아가는지 만은 알아야 세상 돌아가는 이치도 알게 되고 힘들여 모은 소득도 지켜낼 수 있다.

　이 책은 생명경제에 관련된 경제지식의 이론적 기초와 실천사례를 엮었다. 생명경제 지식 사례를 설명하는 책으로는 사례중심의 도서「녹색으로 초대, 힐링경제학」이 최근에 다양한 독자로부터 호응을 얻고 있다.

　이 책도 기본 틀은 같지만 '생명경제에 관련된 지식이라면 초보 중의 초보'를 자처하는 유난히 겸손한 독자를 위해 그 보다 훨씬 쉬운 내용으로 엮었다. 이해하기 쉬운 주제를 고르고 각주를 첨가한데다가 실천사례 형식을 빌어 소개했으므로 대체로 가벼운 마음으로 읽을 수 있고 지루함도 덜할 것이다.

　기초를 다루기 위해'생명경제란 무엇이냐'식으로 접근하여, 생명경제 이슈가 될만한 거리들을 신문에 연재한 칼럼을 필요한 곳에 정리해 최신 생명경제관련 지식을 간접적으로 습득할 수 있도록 정리하였다. 특히 3장에서는 개방화와 경쟁의 심화로 압축되고 있는 우리의 농업환경 속에서 농업경제의 새로운 전략적 접근차원으로서 성공농업인에 대한 사례를 심층 분석하여 이들이 어떻게 노력하여 성공적인 성과를 거둘 수 있었는가에 관한 핵심역량을 도출하고, 이를 구체적으로 분석하여 일반 농업인들에게 성공농업인 반열에 오를 수 있도록 하는 생명자원경경제론의 응용과 적용의 시도에서 이루어졌다. 그리고 실천사례를 소개하였다.

기획 단계에서의 의욕은 컸으나 짧은 지식으로 인해 주제의 내용을 제대로 풀어내지 못한 것 아닌가 하는 두려움을 무릅쓰고 책을 낼 수 있게 된 것은 주위의 성원과 격려 덕분이었다.

출판을 허락해주신 주식회사 한국학술정보 채종준 사장님께 감사를 드린다. 또한 이론적으로 도움을 주시고, 집필에 필요한 귀중한 자료를 적극적으로 협조해주신 농협안성교육원 김육곤 원장님과 정병식 부원장님, 그리고 꼼꼼하게 교정을 보아준 한국학술정보 출판국 손영일님, 이아연님에게도 감사를 드린다.

2014년 10월 31일(양)
지은이 일동

02 CHAPTER

생명자원경제별곡

생명자원경제별곡

03 CHAPTER
생명자원경제의 응용

1. 성공농업인의 핵심역량 _ 111

2. 성공농업인 실천사례 _ 161

제1부
생명자원경제이론

1. 왜 생명자원경제인가

1) 생명자원원경제학이란 어떤 학문인가?

(1) 농업 · 식품기술과 경영 · 경제

대부분의 대학교의 농업생명대학에는 생명자원경제학에 관련된 학과목이 개설되어 있다. 국립과 사립대학을 불문하고 생명자원경제학이나 생명자원경제학 혹은 식품산업경제학이라는 이름으로 학과가 다수 있다. 농업생명대학을 이과계의 학문분야라고 생각하고 입학하는 학생들이 대부분이기 때문에 생명자원경제학이라고 들으면 뭔가 이질감을 느낄 수도 있을 것이다. 그러나 생명자원경제학은 농업생명과학 뿐만 아니라 식료나 식품에 관련된 학문에 있어서는 절대적으로 필요한 학문분야이다.

생명자원경제학을 정의하면 농학의 한 분야로써 농업과 생명자원 나아가 식료를 포함한 경제적 제현상(생산, 가공, 유통, 소비, 수급) 및 생명자원에 관계되는 환경문제에 대하여, 경제학, 사회학, 법학 등 사회과학의 성과를 응용하여 규명하는 학문이라고 할 수 있다.

농업생명과학대학[1]에는 작물학, 원예학, 축산학, 토양학, 식품학, 바이오테크로지

---

[1] 우리나라에 있는 주요 농업생명과학대학을 알아보면, 서울대학교 농업생명과학대학, 전남대학교 농업생명과학대학 경상대학교 농업생명과학대학, 충남대학교 농업생명과학대학, 경북대학교 농업생명과학대학, 전북대학교 농업생명과학대학, 강원대학교 농업생명과학대학, 충북대학교 농업생명과학대학, 경희대학교 자연과학대학 생명과학부 원예생명공학과, 한경대학교 자연과학대학 식물생명환경과학부, 고려대 생명환경과학대학. 동국대 생명자원과학대학 등을 비롯하여 이외에도 서울특별시 건국대학교(서울캠퍼스) 응용생명과학부, 서울특별시 서울대학교(본교) 식물생산 · 산림과학부군, 서울특별시 서울대학교(본교) 식물생산과학부, 부산광역시 부산대학교(부산캠퍼스) 식물생명과학과 ,대전광역시 충남대학교(본교) 응용식물학과. 대구광역시 경북대학교(본교) 응용생명과학부, 대구광역시 경북대학교(본교) 응용생명과

등 생명자원 제분야의 개별적인 연구를 수행하고 있지만, 개개의 연구 성과나 기술
도, 산업계에 현실적으로 도움이 되지 않는다면 의미가 없다. 농업은, 토양을 주요한
생산기반으로 하여 인간의 노동력을 추가하는 것에 의해 농작물, 가축이라는 생물자
원을 유효하게 활용하려고하는 생산 활동이다. 따라서 토양비료학, 토양개량학, 작
물학, 축산학, 병리학, 농업기계학, 기상학 등 폭넓은 자연과학의 지식과 기술이 필
요하다. 이것에 덧붙여 농업은, 현재에는 경제활동으로써 영위되는 것이기 때문에
농학 개개의 과학기술을 실제에 응용하는데 있어서는 생산증대, 품질개선, 생산성·
수익성향상이라는 경영·경제의 시점이 필수적이다. 즉, 개별적으로는 매우 뛰어난
기술이라고 해도, 경영·경제적 시각에서 봐 채산성이 있고 동시에 인간에게 안전하
고 효용적이지 않으면 사용할 수 없다. 그것을 판단하는 것은 산업계에서는 농식품
경영자(생산자 또는 농업인)이며 농식품학 중에서도 생명자원경제학이다.

　농업생명과학대학에는 농산물이나 축산물 가공, 미생물 응용이라는 폭넓게 식품
에 관계되는 분야도 있으며, 이러한 분야들에 있어서 최근의 기술개발은 상상을 초
월하고 있다. 그러나 농업과 마찬가지로 여하히 뛰어난 연구나 기술이라 해도 산업
화에 있어서는 경영·경제적 시점에서 검토해야만 한다. 이러한 것을 수행하는 것은
산업계에서는 식품기업이며 농학 중에서는 식품경제학 혹은 식량경제학[2](이것도 생
명자원경제학의 한분야임) 등의 학문이다.

(2) 환경자원의 안전과 경제학·정책학

　농학이 일반적으로 대상으로 하고 있는 농림업의 주요한 기능은 인간에게 유효한
식량이나 임산물 공급이다. 동시에, 농림업에는 자연, 국토, 경관을 보전하고 인간에
게 쾌적한 환경을 제공한다는 기능도 존재한다. 임업은 수자원을 함양하고 산간지역

　학부 식물생명과학전공, 광주광역시 전남대학교(광주캠퍼스) 식물생명공학부, 경기도 경희대학교(국제캠퍼스) 식물·환
경신소재공학과, 경기도 중앙대학교(안성캠퍼스)생명자원공학부(식물시스템과학전공), 경기도 한경대학교(본교) 식물생
명환경과학과, 강원도 강릉원주대학교(본교)식물생명과학과, 강원도 강원대학교(본교)식물자원응용공학과, 강원도 상지
대학교(본교) 친환경식물학부 유기농생태학전공, 강원도 상지대학교(본교) 친환경식물학부, 충청북도 충북대학교(본교)
식물자원학과, 충청북도 충북대학교(본교) 특용식물학과. 충청북도 충북대학교(본교) 식물의학과, 충청남도 공주대학교
(공주(신관)캠퍼스) 식물자원원예학과군. 충청남도 공주대학교(공주(신관)캠퍼스) 식물자원학과, 전라남도 순천대학교(본
교) 식물의학과, 경상북도 경북대학교(상주캠퍼스)생태환경시스템학부 식물자원환경전공, 경상북도 안동대학교(본교) 식
물의학전공, 제주특별자치도 제주대학교(아라캠퍼스) 식물자원환경전공, 제주특별자치도 제주대학교(아라캠퍼스)생물산
업학부 등이 있다.

2) 식량에 관한 경제학적 분석임. 농업경제학과 같은 특수한 산업부문을 대상으로 하는 것이 아니라, 식량의 생산으로부
　터 소비에 도달하는 각 분야를 주로 분석하는 것으로서 반드시 학문적인 체계가 있는 것은 아니다.

이나 해안지역에 광범위하게 존재하고 있는 다랑이 논이나 밭은 토사붕괴를 방지한다. 우리나라의 논이나 밭은 경관적으로도 뛰어나 도시인들에게 휴양과 정겨움을 제공해 주고 있다.

농림업의 이러한 비교역적 요인3)(다원적 기능)은 환경자원이라고도 할 수 있다. 그렇지만, 오늘날 경제기구 중에서는 환경자원은 일부를 제외하고는 사적인 경영활동 대상이 아니다. 그렇기 때문에 환경자원을 보전하기 위해서는 국가나 지방공공단체, 그 이외의 공적기구의 역할이 중요할 수밖에 없다. 국제기구를 통해 여러 국가들과의 협력도 중요하다. 이러한 공적기관의 활동은 일반적으로 정부관청이나 재정자금에 의해 유지된다.

제한된 자금에서 무엇을 어떻게 하여 보전할 것인가를 최종적으로 판단하는 것은 국민이지만, 직접적으로는 정책관청이나 관계하는 공적기관의 행정적기능이 수행하는 역할이 크다. 정책화과정에 있어서 생명자원경제학은 환경경제학4)과 하나 되어

---

3) NTC(Non-Trade Concerns)는 비교역적 요인, 비교역적 고려요소 등으로 불리며 농업이 지니고 있는 고유의 비교역적 기능을 총칭하는 용어이다. 농업은 경제적으로 평가할 수 없는 효과를 많이 갖고 있는 업종이다. 경제적 역할 뿐만 아니라 식량안보, 사회안정, 환경보전 등 비경제적인 역할을 수행하고 있다. 예컨대 쌀농사의 경우 쌀생산으로 인한 경제적 효과만이 중요한 것이 아니라 여름철에 비가 많이 올 때 논이 훌륭한 저수지 기능을 수행함으로써 파생하는 효과도 만만찮다. 이 같은 농업 고유의 기능을 총칭해 NTC라고 일컫는다. 1989년 4월 우루과이라운드(UR)의 무역조정회의에서 공식 합의된 데 근거를 두고 있으나 이러한 NTC를 어떻게 어느 정도 반영할 것이냐에 대해서는 각국이 유리한대로 해석을 해오고 있어 실제 적용에 논란을 빚고 있다. EU, 한국, 일본, 스위스, 노르웨이 등 농산물 수입국은 이른바 'NTC그룹'을 형성하여, 세계무역기구(WTO) 농업분야 협상에서는 식량안보와 환경,농촌 개발 등의 농업의 비교역적 특성이 고려돼야 한다고 줄기차게 주장해왔다. 최근엔 "Multi-functionality(다원적 기능)"라는 용어로 대체되는 분위기다.

4) 환경경제학(環境經濟學)은 환경 문제에 관한 경제학의 하부 분야이다. (1) 배경 및 개념 : 지구 온난화부터 생물 다양성의 감소와 환경 오염에 이르기까지 다양한 종류의 환경문제들은 오늘날 경제적 시각에서 많이 다루어지고 있다. 이와 같은 사조는 1970년대 여러 환경오염 문제가 미디어에 보도되면서 생태학에 관한 논의 활성화와 함께 형성되었다. 세계 경제는 자원이용과 국민총생산소득으로 해석되는 경제 개발의 환경적 "비용"을 측정하기 시작하였고 이는 현재까지 환경적 고려가 적었던 기존 사고방식의 변화를 보여준다. 생물물리학적 환경은 생태학과 지구상의 모든 활동과 관련하여 생태계의 체계와 순환구조와 연계되어 있다. 이는 곧 시장 측면의 한계(지하수 오염)보다 공급 측면의 한계(석유나 수산자원의 과도한 채취 및 포획)에 비중을 두고 있음을 말한다. 경제 개발 모델은 인간활동의 결과물로서 환경에 부정적인 영향을 미칠 수 밖에 없다는 해석을 내포하고 있다. 이와 같은 인식은 현대문화의 근래 현상으로 여겨진다. 경제(economy)라는 단어의 어원은 (집이라는 의미의 "oikos"와 규칙이라는 의미의 "nomos"의 조합) "집" 즉, 생태계의 효율적인 관리라는 뜻을 해석되며, 생태학(ecology)의 어원(집이라는 의미의 "oikos"와 학문이라는 의미의 "logos")에도 반영되어 있다. 중농주의자(Physiocratie)나 고전 경제학파의 논의에서 경제와 천연자원의 희소성의 관계가 명확하게 확립되었다면, 새고전경제학파의 입장에서는 천연자원의 고갈에 대한 인식이 생략되고 희소성에 따른 비용적 측면만 다루고 있다. 경제학과 생태학이 진정으로 통합되어 (자연과학적 측면을 포함하여) 논의된 계기는 1968년 설립된 로마 클럽에서 발표한 《성장의 한계(Limits to Growth, 1972)》 보고서로 볼 수 있다. 에너지 자원의 한계에 대한 경각심을 일깨운 이 보고서는 새고전주의 이론에 따라 환경의 개념을 환기시키는 역할을 하였다. (2) 환경경제학의 의의 : 인간과 자연의 관계에서 인간은 전적으로 자연에 의존하여 천연자원을 채취하고 자연을 정복함으로써 독립성을 확보한다. 인간의 경제활동에 있어서 자연은 필수불가결한 존재이다. 이러한 인식의 발전으로 의해 다소 관점의 논쟁이 많은 환경경제학이 성립되었다. 환경경제학의 의의는 환경의 생태적 가치를 경제학적 개념에 통합시키고 더 나아가 사회과학 분야 전반에 도입하는 것이다. 따라서 환경경제학은 신고전학파가 무의식적으로 고려하지 않는 환경적 관점을 경제학에 포함시키는 데에서 의의를 갖는다. 환경경제학은 인간과 환경이라는 주체들간의 상호작용을 반영하는 새로운 경제적 효율성의 개념을 연구한다. 이러한 연구방향은 기존 경제학과 동떨어진 것이 아니라 기존 경제학에 생태적 가치를 접목시키고 환경적 변수를 고려하는 경제학을 제시하는 것이다. 환경경제학은 행위자의 후생, 자원의 생산과 이용과 같은 기존 경제학의 중심개념들을 새롭게 정의하며 기본적인 가정을 전제로 한다. 신고전경제학에서 말하는 후생은 상품의 소비를 통해 이루어진다. 환경경제학에서는 후생 개념에 개인이 환경에 부여하는 계량화할 수 없는 상징적이고 실질적인 가치를 추가한다. 전 세계적인 물자의 생산과 소비가 경제구조 속에서 갖는 환경적 연관성 또한 포함된다. (3) 경제이

환경자원의 기초적인 데이터분석이나 계량평가, 구조분석이나 정책제시 등을 수행한다. 환경자원의 보전에 관계되는 개개의 자연과학적분석도 경제학이나 정책학에 의한 검토를 거지치지 않으면 실용화는 불가능하다.

(3) 농학 중에서 감독적 위치

이렇게 생명자원경제학은 생명자원과학(생명자원[5]+생명과학[6]) 혹은 농업생명과학대학에서 개별과학을 통합하여 경제적 ·경영적 혹은 정책적 판단을 행하는데 필수적인 지위를 차지하고 있다. 이른바 생명자원경제학은 축구나 야구에서 감독의 입장에 속한다. 이러한 팀플레이에 있어서는 개개의 선수가 여하히 뛰어난 기량을 가지고 있어도 감독의 작전지휘가 좋지 않으면 이길 수 없다. 명선수가 반드시 명감독이진 않다. 최우수선수를 수십억을 들여 스카우트했다고 해서 상대측의 데이터를 무시하고 감각으로만 선수를 기용한다거나 득점 차에 따른 적절한 작전을 전개하지 않으면 최종적인 승리는 기대할 수 없다.

생명자원경제학은 생명자원과학 중에서도 감독으로 개개의 과학기술을 활용하여

론과 환경 : 경제학에서는 경제적 행위자들의 선호도와 효용성을 고려하는 희소한 자원의 최적의 분배상태인 옵티멈 (optimum)을 중시한다. 예를 들어 파레토 최적은 경제학에서 가장 많이 사용되는 옵티멈 중 하나이다. 이는 한 개인의 후생이 향상되는 것은 다른 개인의 후생을 저하시킨다는 개념을 뜻하는데, 파레토 최적은 이러한 분배가 모두 완료된 상태를 지칭한다. 이와 같이 경제학적 개념에서 정의하는 파레토 최적은 시장의 경쟁적 특성과 가격결정구조의 조종기 능을 전제로 할 때에 존재가능하다. 그러나 경제학에서 말하는 시장의 균형이 사회 및 환경적 측면에서의 최적의 상태 와 동일하지는 않다. 최적의 상태는 정교하게 통제된 시장거래 체제에서 존재하며, 가치로 인정되지 않은 요소들은 경 제행위자들의 경제적 효용성에 일정한 영향을 갖더라도 효용성 분석에서 철저하게 배제된다. 즉, 환경과 관련된 측면 들이 생략된 것인데, 이러한 요소들을 시장거래의 외부효과(externality)라고 한다. 외부효과는 경제행위자의 후생을 개 선할 수 있다는 관점에서 긍정적 요소로 볼 수도 있다. 그러나 금전적인 보상 없이 후생을 감소시킬 수 있다는 측면에 서 부정적인 요소로 여겨지기도 한다(예를 들어 공항건설 시, 소음공해로 인해 주변 부동산 가치가 하락할 수 있다). 따라서 비효율적인 외부효과의 내재화를 통해 손실가치를 시장거래 체제에 반영해야 한다. 즉, 환경적 손실의 가격을 결정하는 것이다. 환경경제학에서는 "오염의 최적"을 탐구한다. 즉, 환경이라는 변수를 고려하여 파레토 최적을 산출하 는 것을 의미한다. 오염의 최적에서는 타인의 손실 없이는 환경적 변수에 민감한 한 경제행위자의 후생을 향상시키는 데에 한계가 있다. 실제 환경경제학의 오염의 최적은 생태학자들로부터 가장 많은 비판을 받고 있기도 하다.

[5] 생명자원은 2005년부터 대한민국의 과학기술부 혁신본부가 주축이 되어서 생물다양성, 생물소재 및 생명정보를 통틀어 규정한 용어이다. 이것은 한국의 자원으로서, 생명자원이 점점 귀하게 되어, 정부위주의 국가 중점계획추진 안에 따라 국가생물자원정보관리센터에서 정의했다.

[6] 인간의 본질을 잘 이해하여 인간과 자연과의 본연의 관계를 해명하는 과학이라고 할 수 있다. 생명과학은 1930년대 미국 등 선진국에서 대두되기 시작하였고 1960년대에 이르러 적극적으로 사용되었다. 세포증식·운동·유전·진화·조절 등의 여러 가지 생물학적 현상을 그것에 관여하는 생체고분자의 구조·성질·상호작용 등에 의하여 설명하려는 것이 분자생물학인데, 오늘날 분자생물학의 눈부신 발전으로 신비하다는 생명현상도 과학으로 표현할 수 있게 되었다. 이와 같은 것들이 생명과학의 기초가 되고 있는데 이제까지의 과학기술이 물질주의에 치우쳐 환경파괴·난치병 등과 같은 뜻밖의 폐해를 가져오게 하였다는 것을 반성하여 단순히 자연과학의 영역에 머무르지 않고 시대적 요청에 따라 윤리나 도덕까지도 포함한 인간생명을 정점으로 하는 새로운 과학을 낳게 되었다. 현재까지의 세계적인 연구목표로서는 ① 생명현상과 생물의 여러 가지의 해명, ② 자연환경의 해명, ③ 정신활동의 해명, ④ 건강유지와 의료의 향상, ⑤ 식량자원의 확보, ⑥ 생물 및 그 기능의 공업에의 응용, ⑦ 인구 문제 등의 7항목을 들고 있다. 그 중에서 시급히 다루어져야 할 과제는 노화현상의 억제연구, 인공장기 등 의료기술에 관한 연구, 생체물질기능의 시뮬레이션과 그 응용, 사고과정의 해명과 그 정보처리 및 의료에의 응용, 생물활성 물질의 탐색과 그 응용 등이다.

실용화를 도모하기 위해서는 시기적절한 지휘가 기대된다. 그 점에서는 생명자원경제학의 책임은 매우 큰 동시에 항상 적절한 판단이 가능하도록 과학적분석력을 갖추어야만 한다.

어떤 국가도 역사를 거슬러 올라가면 농업사회에 도달하지만 그 시대에는 경제=농업경제이었으며 정치=농정이었다. 우리나라에서는 조선시대까지가 이 시기였다고 할 수 있다. 현재 많은 개발도상국들은 여전히 농업사회에 머물고 있다.

생명자원과학 중에서도 생명자원경제학은 가장 역사가 깊다. 물론 최근까지도 그리고 현재도 생명자원경제학이란 과목으로 설강되어져 있는 대학이 존재하고 있다. 학문적으로나 역사적으로 중요한 생명자원경제와 그 과학=학문으로써 생명자원경제학은 모호한 오늘날의 현실 속에서 점점 더 중요한 위치를 차지하고 있다.

2) 세계의 현실이 생명자원경제학을 필요시하고 있다.

(1) 식량부족문제

20세기후반은 공업화와 경제성장에 의해 세계 일부의 국가인 선진국은 번영의 정점에 놓여있지만 그와 반대로 많은 국가인 개발도상국은 변함없이 빈곤과 식량부족에 굶주리고 있다. 선진국으로부터 도입된 투자를 기반으로 경제의 급성장을 이룩한 우리나라를 비롯한 신흥경제국들은 1997년 7월부터 자국통화의 폭락을 계기로 경제위기에 빠져 직장을 잃은 실업자가 급증하였다.

국민생활은 국내농업의 부진과 수입물가의 폭등으로 빈사상태에 빠졌었다. 1998년 봄에 인도네시아는 국민의 격렬한 반정부운동에 의해 장기 집권한 수하르토[7] 독재정권이 붕괴되었다. 그 배경에는 인도네시아를 엄습한 식량부족과 물가폭등이 원

---

7) 중부 자바의 욕야카르타에서 태어났다. 하급 중학교 및 이슬람 학교를 마친 후에 인도네시아 육군대학을 졸업하였다. 1943년 일본군 보호 아래 인도네시아 육군장교가 되어, 1945~1950년 욕야카르타에서 대대장·연대장을 지내고, 1953년 중부 자바의 연대장, 1960년 준장으로 진급, 1960~1965년 육군참모차장을 지냈다. 1965년 9월 30일 쿠데타 때 당시 국방장관 나수리온과 협력하여 반란군을 격파하고 육군사령관이 되어 치안회복을 실현하였다. 1966년 3월 대통령 수카르노에게서 치안 대권을 위양받고, 7월에는 총리·국방치안장관·육군장관·육군총사령관을 겸임하였으며, 1967~1968년 대통령권한대행을 거쳐, 1968년 3월 국민협의회에서 제2대 대통령에 선출되었다. 1973년 3월 대통령에 재선되었으며, 1978년 3월에는 3선(選)저지운동을 탄압하고 3선(選) 대통령이 되었다. 1979년 11월 학생들의 반정부운동이 일어나고, 1980년 4월 전국에서 반(反)중국인 폭동이 발생한 데 이어, 5월 퇴역장성과 정치가 50명이 대통령비판성명을 발표하는 등 한때 정정(政情)이 불안했다. 하지만 1982년 5월의 총선에서도 수하르토를 정점으로 하는 골카르(Golkar) 조직이 압승함으로써 4선 대통령이 되었다. 그 뒤에도 두 번의 재선을 했지만 1998년 대규모 반정부시위로 몰락하고 말았다. 외교면에서 수하르토 정권은 수카르노 시대의 반제국주의 ·비동맹노선에서 180도 선회하여 미국 등 서방 여러 나라와 밀착된 관계를 유지하였는데, 이를 '신체제'라고 일컫는다.

인이었다. 인도네시아는 이른바 녹색혁명에 의해 일시적으로 미곡의 완전자급을 달성했다.

그 시기에는 수출산업도 호조였으며 이로 인해 비교적 풍부한 외화를 가지고 밀가루와 다른 식량을 수입할 수 있었다. 그러나 인도네시아의 통화인 루피아의 폭락은 외국에서 들여온 차입금의 상환액을 부풀리는 것뿐만 아니라 수입식량의 가격을 급상승시켰다. 여기에 1997년~1998년에 발생한 엘니뇨현상[8]에 야기된 가뭄이 주식인 쌀 생산을 격감시켜 수입식료품이 폭등하고 더불어 서민의 식량부족을 심각하게 초래했다. 이 당시 우리나라도 같은 상황이었으나 다행히도 국내 쌀 생산이 순조로워 경제회복에 절대적 기여를 했다는 것은 농업계뿐만 아니라 정치권에서도 인정한 일이었다.

인도네시아에서는 관계시설이나 도로 등 농업에 필요한 사회자본정비도 낙후되어 있다. 공업화·도시화에 의한 우량농지가 감소하는 한편 농지개발이 계획대로 진전되지 않고 있는 점도 문제이다. 농산물가격은 낮고, 농산물유통체제도 미정비 되어져 있다. 농업투자를 하고 싶어도 자재가 비싸고 자금도 부족하다. 농지는 대지주나 대농에 편재되고 영세농이나 토지를 가지지 못한 농업노동자와의 농지소유 격차는 매우 크다. 이러한 것은 기상변동을 제외하고는 모두 농업경제의 문제이며, 식량자급을 경시한 농정과 공업화 일변도의 개발정책의 결과 초래된 것이다.

이러한 농업경제를 둘러싼 구조적인 문제는 단지 인도네시아문제뿐만 아니라 거의 모든 개발도상국이나 이전의 사회주의 국가에서 직면하고 있는 문제이다. 국제적으로 보면, 선진국은 일반적으로 공업과 농업, 나아가서는 상업·서비스업을 균형 있게 발전시켜왔다. 그렇지만 개발도상국은 선진국의 투자나 그 국가 재정지출의 중점이 공업개발이나 군사면에 치중되어 농업개발은 소홀하게 다루어져 왔다. 그 결과

---

8) 지구가 태양으로부터 받는 복사 에너지는 인간이 살아가기에 적당한 반면에, 인간이 만들어 내는 공해로 인해 지구의 기상이 변하고 있다. 즉 바람, 일사량, 일조 시간, 구름·비·눈·이슬·서리·얼음 등의 증발량, 빛의 현상 등 많은 기상 요소들이 정상적이지 못하다는 말이다. 이렇게 지구의 기상 상태가 예전 같지 않은 시점에 '엘니뇨'라는 기상 용어가 탄생되었다. 엘니뇨(el Niño)는 페루와 칠레 연안에서 일어나는 해수 온난화 현상이다. 보통 이상의 따뜻한 해수 때문에 정어리가 잘 잡히지 않는 기간에 일어나는 엘니뇨는 에스파냐 어로 '어린아이(아기 예수)'라는 뜻인데, 이 현상이 12월 말경에 발생하기 때문에 크리스마스와 연관시켜 아기 예수의 의미를 가진 엘니뇨라고 부르게 된 것이다. 오늘날에는 장기간 지속되는 전 지구적인 이상 기온과 자연재해를 통틀어 엘니뇨라 한다. 1966년에 캘리포니아 대학의 대기 과학자인 야콥 비야크니스(Jacob Bjerknes)는 엘니뇨를 태평양 적도 지역의 기압이 동부와 서부 지역 사이에서 일진일퇴하는 변화, 즉 남방진동으로 설명하였다. 이렇게 동·서태평양 사이의 기압 차가 발생하면 무역풍을 약화시키고 대기의 변화와 해류의 방향을 바꾸며, 바다 표면 온도를 변화시킨다고 한다. 광활한 태평양 적도상의 해양과 대기의 관계는 매우 밀접하여, 어느 한쪽의 변화는 다른 한쪽에도 영향을 준다. 따라서 어느 한쪽의 바람이 약해진다든가 동서 간의 수온차가 생기면 연쇄 반응으로 다른 쪽의 대기와 해양이 변화를 일으켜 엘니뇨현상이 발생한다.

부족한 식량을 선진국으로부터 수입하여 확보하는 구조가 고착화되었다. 이것은 다른 측면에서는 선진국 농기업에게는 중요한 수출시장의 형성을 의미한다. 사회주의 국가들의 몰락으로 시장경제화 되어 가는데 있어서도 재정자금과 자금부족하에서 국내농업은 쇠퇴하여 필요한 식량은 선진국으로부터 수입하여 확보하는 구조가 고착화되었다.

이러한 세계의 현실을 보면, 각국의 식량부족을 단지 각 국가의 농업기술이 뒤져 있기 때문이라고 해석하는데 한계가 있다. 선진국의 농업기술을 개발도상국에 도입하면, 식량문제를 해결할 수 있다고 생각하는 사람이 있다면 그는 식량의 수입구조 고착화에 대한 이해가 결여되어진 사람이다. 어떤 국가라도 그 국가의 지형이나 자연조건, 노동인구에 적합한 전통적인 농업기술이 있다. 그러한 기술의 자주적인 발전과는 거리가 있는 선진국의 기술을 외부로부터 획일적으로 도입해도 성공적으로 안착할 수 없다.

세계의 식량문제 해결을 신중하게 고려해본다면, 각 나라의 농업경제구조를 면밀하게 조사연구하고 문제점을 분명하게 규명하여 적절한 농정과 원조체제를 갖출 필요가 있다. ODA등 기술원조도「감독」의 분석과 판단으로부터 매우 적절하게 현지에 맞는 것을 해줘야만 한다. 이점에서는 생명자원경제학의 공헌의 무대는 대단히 큰 것이다.

(2) 환경문제

현재의 농학은 환경문제의 영역이 점차 매우 중요시되고 있고 이점에서도 생명자원경제학의 역할은 매우 중요하다. 현대의 환경문제는 원자력의 안전성문제, 사막화, 열대림의 남벌, 산성비, 지구온난화, 오존층의 축소, 해양오염, 야생생물의 감소 등 지구 차원의 문제에서부터, 구제역, 식품오염, 환경호르몬, 다이옥신, 고엽제, 대기오염, 축산폐수, 수질악화 등 사람들의 생활환경차원의 문제까지, 실로 광범위한 영역에 걸쳐있다. 지금까지 자연과학 특히 농학이 경주해온 농업의 근대화(＝생산성의 상승)도 유감스럽게도 환경파괴를 가속화시켰다. 농약이나 화학비료의 과다투입의 결과 토양이나 지하수, 작물 등의 오염이 야기되었으며 대형농기계의 도입이나 단작·연작의 결과 토질악화와 토양유실이 야기되는 예는 세계각지에서 발생되어졌다. 최근 전북 정읍시의 경우 한우사육두수의 급격한 사육증가로 인하여 분뇨처리등 민원이 다발하고 있다. 이러한 축산의 급격한 대규모화는 자연하천을 오염시키는 경우도 적지 않다. 특히 2012년부터 가축분뇨의 해양투기가 전면 금지되어져 이러한 현상은 더욱 일상화되어질 것이다.

이러한 환경문제의 배경에는 그것이 20세기후반에 심각화 되어져 밝혀진 바와 같이 기본적으로는 자본주의 경제시스템의 확대, 즉, 이윤 극대화와 효율화를 목표로, 대량생산·대량소비를 추진하여 온 경제시스템이란 존재가 있다. 특히, 자본주의를 주장하는 시장메카니즘과 경쟁원리는 나중에는 어떻게 되든 상관없다고 단정하듯이 자원의 낭비나 자연파괴를 초래한다. 매스컴의 상업주의에 편승하여 대량소비, 사용하고 버리는 일회용품, 간편화를 추구하여 온 선진국의 라이프스타일도 환경문제의 심각과 관련이 깊다.

지구 친화적 기술개발을 추진하는 것도 필요하다. 그렇지만 환경악화의 기본적 요인이 자본주의 경제시스템 그 자체에 있다고 한다면 무엇보다도 이윤본위의 자본의 움직임을 자연과 인간환경을 지키는 입장에서부터 일정부분 규제하지 않으면 안 된다. 동시에 인간과 자연이 공생하고 인류가 공존할 수 있는 산업사회에 세계를 유도하여 갈 필요가 있다. 그리고 이러한 방향을 정하는데 생명자원경제학은 다른 제과학과 학제적으로 협력해 나가야 하며 커다란 공헌이 요구되어지고 있다.

3) 21세기는 패러다임 전환의 시대

이상과 같이 20세기 후반은 공업화와 경제성장에 의해, 지구의 일부 국가와 국민에게 역사상 이전에는 없었던 물질적 번영을 안겨주었지만 동시에 다양한 수준의 환경문제가 심각화 하여, 인류생존의 위기의 전조도 보이기 시작했다. 그 기본적 원인에 대해서는 앞에서 살펴보았지만 대량생산과 효율화·저비용화를 가능하게 한 근대의 과학기술에 대해서도 오늘날은 재평가가 요구되어진다. 「Small is beautiful」의 저자로써 1970년대에 각광을 받은 독일의 경제학자

에른스트 프리드리히 슈마허(EF Schumacher,1911년~1977년)는 개발도상국을 위해 중간기술개념을 창안했던 인물인데 검소와 절제를 기초로 하는 불교적 경제관을 바탕으로 인간중심의 경제학을 강조했던 것처럼「대량생산 기술은 본질적으로 폭력적이어서 생태계를 파괴하고 재생불능자원을 낭비라고 인간성을 해친다」(슈마허

저,『작은 것이 아름답다 (인간 중심의 경제를 위하여)』문예출판사,2002)라는 점에 주목할 필요가 있다.

'타이타닉호의 비극'을 상기할 필요도 없이 일단 대형여객선이나 점보여객기, 고속철도에 사고가 일어난다면 대량 희생자가 생기게 된다. 최근 세계적으로 빈발하는 대지진 참사를 보면 인구와 콘크리트 건조물이 집중한 거대도시일수록 지진으로 야기되는 피해는 심각해진다.

농림업도 대형기계, 개량품종, 화학비료, 농약을 사용한 대량생산기술은 토지와 노동력 수탈, 자연생태계 파괴라고 하는 마이너스 효과도 가져왔다. 시설재배와 저온·고속운송은 대형유통매장에 1년 중 같은 상품구색을 갖출 수 있도록 한 반면, 식생활에서 제철음식을 빼앗아 버렸다. 대형화물선에 의해 대량으로 수입된 농산물에는 일반적으로 알려진 바와 같이 살균제, 곰팡이방지제, 방충제 등 포스트 하베스트(post-harvest)농약⁹⁾의 위험이 도사리고 있다.

대량생산기술은 야생생물의 주 서식지인 초록의 대지를 철과 콘크리트 정글로 변화시켰다. 이것은 나아가 인간심리 황폐화를 초래하게 된다. 사람에게 있어서 자연은 정복의 대상이며, 종속하는 것이 아니라는 가치관은 언젠가 인간도 자연의 일부라고 하는 현실인식을 잃어버리게 하였다. 인간의 사치는 약자, 지위가 낮은 자, 가난한 자에 대해 차별의식을 야기해, 개인의 존엄은 다른 어떠한 것보다도 우선적으로 지켜져야만 할 것이라는 가치관을 잃어버렸다. 그 결과 인간성은 상실되어 약육강식의 세계만이 판을 치게 되었다.

이러한 근대의 대량생산기술이 가져온 폐해에 대해 EF Schumacher는 사람의 몸에

---

9) 포스트 하베스트란, 작물을 보관하기 위해 가해지는 농약의 살포다. 곡류는 저장 도중 곰팡이 균에 의해 오염이 되기 쉽다. 곰팡이 균이 번식하면서 사람이나 동물들에게 치명적인 독소를 만들어낸다. 그 대표적인 것이 아플라톡신이다. 그래서 이 곰팡이 균을 없게 하기 위해서 사람들은 오히려 인체에 더 유해하고 강력한 농약을 살포한다. 물론 곰팡이 뿐 만 아니라 각종 해충을 퇴치한다는 명목으로도 포스트 하베스트는 가해진다. 해충은 그렇다 치고 인체에 치명적인 곰팡이의 생육형태를 이해하면 왜 우리가 곡류를 수입해서 먹으면 안 되는지 바보가 아닌 이상 알 수 있다. 인간에게 세상은 보이는 것이 많을까, 보이는 않는 세상이 많을까, 우리는 늘 착각하고 살아간다. 고작 몇 십 미터만 벗어나면 작은 것은 잘 식별도 되지 않는 눈을 가지고 그 눈에 대한 과신은 참으로 대단하다. 이물질이 조금 묻은 것은 더럽다고 판단하고 광택이 반짝반짝 나는 것은 깨끗하다고 판단한다. 더러우면 표백제로 지우고 살충제를 팍팍 뿌려서 벌레 죽이고 얼마나 투여해야 되는지도 판단이 서지 않으면서도 인간 자신에게 더 해가 되는 화학물질을 퍼부어대고 있다. 관행적 과학은 눈에 보이지 않는 수많은 미생물 중에서 고작 몇 종만 알면서도 완벽하게 알고 있는 듯 현미경으로 들여다보고 안보이거나 화학 반응시켜 반응이 없으면 이 정도는 무해하다고 결론을 내린다. 고작 몇 종의 미생물을 죽이려고 내가 죽을지도 모르는 화학실험을 한다. 벼룩 한 마리 잡는다고 초가삼간 다 태우는 격이다. 가히 엄청난 양의 곡류들이 바다를 건너고 있다. 집이 조금만 습해도 곰팡이가 핀다. 그렇다면 바다를 건너온 곡류들은 왜 곰팡이가 피지 않고 깨끗하게 들어오는 것일까, 수입 농산물이 그렇게 먹고 싶다면 차라리 비행기로 조금씩 시켜먹는 것이 옳은 방법이다. 포스트하베스트는 먹거리를 어떻게 다루어야 하는지를 단적으로 말해준다. 먹거리는 글로벌이 되어서는 안 된다. 이 땅의 농토가 자꾸만 사라져가고 오염되고 있다.

맞는「중간기술」을 제창했다. 그렇지만 그 보급에 있어서는 생산과 소비를 억제적으로 컨트롤하여 인간사회와 자연과의 조화를 도모해 인류공존을 목표로 하는 방향으로 세계 시스템의 패러다임(시대를 리드하는 인식의 패러다임)전환이 반드시 필요하다.

현실적으로 세계는 하드시대에서 소프트시대로, 공학의 시대에서 농학의 시대로, 기술의 시대에서 경제의 시대로 향하고 있다. 이러한 전환점에 서서 미래농업의 방향을 전망할 때 지금까지의 대규모이며 효율일변도 농업에서 소규모이면서도 합리적인 농업으로 흐름을 바꾸어 갈 필요를 발견할 수 있다.

특히 아시아몬순지대에 폭넓게 전개하는 소규모가족농업은 자연환경을 활용한 순환적 농업이며 자연고갈이 필연적인 21세기에는 재평가되어져야 한다. 공업을 중심으로 한 경제발전의 한계점에 고민하고 있는 세계경제환경 속에서 소규모가족농업은 취업의 장으로써도 중요시되어져야 한다. 그렇지만 이러한 소규모가족농업을 지키는 전제에는「선진국」과「후진국」,「강대국」과「약소국」이 공존할 수 있는 농업의 국제적 협조시스템구축이 이루어져야만 한다.

지금부터의 시대는 21세기 패러다임, 즉 자원고갈시대에 새로운 가치관과 사고를 가지고 다양한 농업형태가 공존할 수 있는 시대가 될 것이다. 그러한 틀을 만들어 가는 것이 사회과학에 부과되어진 사명이다. 이러한 점에서 생명자원경제학의 역할은 매우 크다.

4) 생명자원경제학의 학문적 성격

(1) 농학 중에서 가장 기본이 되는 학문

농학도 패러다임 전환기에 놓여있다. 공학적으로 대규모화, 효율화만을 추구하여 온 기술연구로부터 자연생태계에 입각한 자연 순환적인 생물생산 및 생물의 다양한 기능을 개발하는 기술연구로 농학의 방향은 전환되고 있다. 이러한 농학의 전환기에 있어서 생명자원경제학은 지금부터 농업의 방향성을 규정할 수 있는 규범적인 역할을 해야 할 책무를 지니고 있다.

생명자원경제학을 신중하게 연구하면 지금 세계와 한국농업과 식량이 어떠한 문제점을 가지고 있을까, 환경파괴는 어디까지 진행되고 있는가가 어느 정도 이해된다.「나무를 보고 숲을 보지 못한다.」라고 하는 말이 있는 것처럼 한 부분만을 잡고 전체를 보지 못한다면 사물이나 현상에 대한 올바른 인식은 불가능하다. 전문적인 연구에 몰입하기 전에, 그 연구가 과연 우리사회의 진보에 어떠한 기여나 역할을 할 수 있을 것인가에 대해 먼저 고민해 보아야 할 필요가 있다. 이점에서 생명자원경제학은 생명자원을 대상으로 연구하려는 사람에 있어서는 먼저 배우지 않으면 안 되는 입문학적이며 가장 기본이 되는 학문이라고 규정지을 수 있다.

(2) 생명자원경제학을 전공하는 자에게 기대되는 인간상

독일의 저명한 사회과학자인 막스 베버(Marx Weber)[10]는 20세기초반에 쓴 논문에서 자본주의 정신적분위기와 인간유형에 대해 「영혼 없는 전문인」과「판단력이 없는 향락인」으로 규정지었다. 자본주의가 고도로 발전한 현대에는 이러한 경향은 점점 더 강해지고 있다. 과학도 현대의 산물인 이상, 그 영향을 받는다. 과학을 연구하는 자는 시대의 흐름에 단지 삿대질을 할 뿐만 아니라 견고한 세계관, 인간관을 가지고 시대에 맞서야만 한다.

과학에 몰입하는 학생은 그 연구가「어떻게 이용되고 누구를 위한 것인가」라고 하는 문제의식을 가져야 한다. 과학기술은 인류가 평화적으로 공존하는 수단이 되기도 하지만 전쟁이나 환경파괴수단이 될 수도 있기 때문이다. 대학에서 배운 과학에 의해 테러용 무기 등을 제조하는 것은 사람이길 포기한 것이다. 따라서 과학에 종사하는 사람에게는 숭고한 이상과 사회윤리가 요구되어진다.

생명자원경제학은 어떤 의미에서는 잡학이며 실학이다. 생명자원경제학에서는 문과의 학문을 기초로 하면서도 이과과목 선택도 필수가 될 필요가 있다. 생명자원에 관련된 자연과학을 이해하지 못하면서 그를 기반으로 성립된 경제 환경을 분석하고 이해한다는 것은 어불성설에 지나지 않는다. 타 학문이 전문점이라면 생명자원경제학은 백화점이라고 말할 수 있을 만큼 폭이 넓다.

---

10) 독일의 경제사학자, 사회과학자. 그의 연구는 경제학, 사회학, 정치학, 종교사 등 광범위한 영역에 걸쳐 있다. 하이델베르크 대학 교수. 철학적으로는 신(新)칸트주의의 서남독일학파와 실증주의로부터 영향을 받았다. 그는 사회 경제적 각종 현상의 본질은 객관적 방면에 의한다기보다 연구자의 견해, 즉 그들이 현상에 부여하는 문화상의 의의에 의해 결정된다고 보며, 여러 현상 과정의 개별적 측면을 파악하는 것이 사회과학의 연구라고 상정했다. 이로부터 여러 현상, 여러 과정은 다수의 요인의 작용으로 이루어지며, 이를 파악하기 위해 실재적인 것과는 관계없는 '이상형'하에 개별적 사실을 조직하고 이해하는 것을 목표로 했다. 이를 위해 연구자는 어떤 가치의 견지에 서서는 안 되며, 일체의 몰가치적인 입장에 서는 것이 중요하다고 주장했다. 이 입장에서 다수의 사회 현상의 각종 영역에 걸쳐 막대한 자료를 바탕으로 이론을 전개하였다. 이러한 자료 조사에는 적지 않은 의의가 있지만, 그의 주장에는 마르크스주의의 사적 유물론에 대항하는 의도가 강하게 들어 있다. 그는 오늘날까지 막대한 영향을 끼치고 있다.

이러한 학과목을 종합적으로 배우는 것에 의해 학생은 폭넓은 지식과 과학적인 세계관을 익힐 수 있다. 앞에서 살펴본 것처럼 생명자원경제학은 농학 중에서도 감독으로서의 역할을 수행하고 있다. 그렇지만 감독의 평가는 상황을 정확하게 장악하여 적절한 작전을 세울 능력이 있는가? 아닌가?, 그리고 무엇보다도 선수들에게 신뢰될 수 있는 인간성을 가진 주체로서 역할을 수행할 수 있을 것인가의 여하에 달려 있다.

5) 생명자원경제학의 학문체계와 연구방법

(1) 기초학과목

생명자원경제학은 응용경제학[11]이며, 경제학을 응용(이론적 무기로)하고 농식품생산과 유통 및 식량문제를 해명하여 대책을 제시하는 학문이다. 앞에서 언급한 것처럼 최근에는 문제해명의 대상에 농림업과 관계가 깊은 환경문제와 식품문제에까지도 연구의 규명의 대상이 확대되고 있다.

생명자원경제학이 응용경제학인 이상, 이것을 배우는 사람에게는 우선 경제학 학습이 필요하다. 그런데 현대경제학[12]에서는 ①노동가치설에 입각하여 자본주의경제를 구조적·비판적으로 분석하는 마르크스경제학과 ②효용가치설에 입각하여 자본주의경제의 동태를 분석하는 근대경제학의 양대 조류가 있다. 그러나 사회주의가 자본주의보다 더 우월하다는 칼 마르크스(Marx)의 관점은 틀린 것으로 드러났다. 그러나 자본주의의 위기를 보여주는 일련의 현상들을 보면 그의 주장은 부분적으로 옳았다. 마르크스는 세계화와 함께 금융 중개기관들이 미친 듯이 활개치고 소득과 부(富)가 노동에서 자본으로 재분배되면서 결국 자본주의의 자기 파괴성이 드러날 것

---

11) 경제학의 한 분야로, 다양한 경제현상을 연구·분석하고 법칙을 세워 그 결과를 실제 경제생활과 경제정책에 응용하는 것을 목적으로 한다. 현실적 적용을 목적으로 경제현상을 예측·분석한다는 점에서 순수한 학문적 목적을 가지고 경제현상을 연구·분석하는 이론경제학이나 추상경제학과 대비되는 개념이다. 어느 학문 분야이든 이론화 작업은 추상을 통해 이루어진다. 그러나 경제학 분야는 다른 학문 분야보다 실생활과 밀접한 관련을 맺고 있으므로 이론화 과정에서 배후에 숨은 규칙성을 발견하고 장래에 대한 예측가능성을 찾는 작업이 중요하다. 그래서 새로운 경제이론이 개발되면 이를 현실생활에 적용시켜 보고 현실생활에 맞으면 곧바로 경제정책에 반영해야 한다. 이를 목적으로 하는 분야가 바로 응용경제학이다. 현대에는 추상적인 명제를 바탕으로 하는 이론경제학보다 응용경제학이 더욱 빠르게 발전하고 있으며, 일반적으로 경제학이라 하면 응용경제학을 의미하게 되었다. 또 이론경제학이 추상적 명제를 바탕으로 하는 데 반하여 응용경제학에서는 수량적 지표가 중요한 부분을 차지한다. 따라서 응용경제학은 경제현상에 대한 데이터를 수치로 계량하는 계량경제학과 밀접한 관련이 있다. 그러나 계량경제학이 수량적 전개에만 치중하는 데 반해 응용경제학은 계량경제학의 기초이론을 현실에 적용하여 타당성을 연구·검토하는 차이가 있다.

12) 주로 *J.M.* 케인즈 이후의 경제학을 가리킨다.

이라고 예측했다. 소비자의 최종 수요가 부족한 탓에 기업들은 일자리를 줄이고, 일자리 감소는 노동자의 소득을 줄이고 불평등을 심화시키며, 결국 최종 수요가 더 줄어들게 된다. 악순환이 반복되는 것이다. 그러나 한국에서는 최근 이러한 시각에서 생명자원경제학을 연구하는 학자는 좀처럼 보이지 않는다. ②는 미시경제학, 거시경제학, 계량경제학13), 신고전파경제학14), 공공경제학15), 환경경제학, 등 시각과 대상을 달리하는 제학설이 있다. 최근에서는 이러한 경제학적 학문에서 경제학의 파생학문인 경영학, 마케팅 분야가 생명자원경제학에 활용되는 경우가 많아지고 있다.

이렇게 설명하면 경제학을 학습하는 것은 엄청난 것으로 여겨진다. 그렇지만 경제학을 연구하는 경제학부와는 달리 생명자원경제학에서 필요로 하는 경제학은 현상(역사를 포함)분석의 무기이기 때문에 앞에서 언급한 경제학의 일반적인 조류, 학설의 하나 또는 두개를 배우면 충분하다. 그러한 선택에는 각각의 경제학의 목적이나 방법에 대해 어느 정도 이해한 상태에서 주체적으로 판단하여야 할 것이다.

생명자원경제학에 있어서 경제학 이외의 기초학과목으로는 통계학, 사회학, 역사학(특히 근현대사), 법률학 등이 있다. 이러한 과목들은 일반교양과정에서 학급할 수 있지만 생명자원경제학에서는 이런 과목들의 응용과학을 배운다.

더욱이 생명자원경제학에서는 농학의 기초학과목의 학습이 매우 중요하지만 커리큘럼에 정식적으로 개설되어 있는 곳은 흔치않다. 경제학 이외의 사회과학의 공부로써는 농업 및 농산물로써의 식량, 나아가서는 농림업과 환경과의 관계 등에 대해 자연과학적지식이 없으면 현상을 올바르게 파악할 수 없다. 농업은 생물활동을 이용하는 산업이기 때문에 생물의 생리나 자연환경 등의 제약을 받는다. 예를 들면, 농작물의 파종부터 수확, 가축번식부터 성축까지 그 동식물마다 일정한 기간이 필요하게

---

13) 수량적 경제법칙을 검출하기 위해서 이론경제학 · 수학 · 통계학의 성과를 종합, 적용하는 경제학이라 할 수 있다. 그것은 수량적 법칙을 검출하고 또한 그 현실타당성을 통계적 실험에 의해 검증한다는 점에서, 선험적 가설로부터 연역적 추론 만에 의해 질적 법칙을 도출하는 것에 그치는 이론경제학과 다르다. 그것은 또한 먼저 가설을 세우고 다음에 그 현실적 타당성을 검증한다는 절차를 취하는 점에서, 어떠한 추상이론도 부정하고 통계자료의 수집 · 정리만으로 부터 의미 있는 결론을 도출하려고 하는 통계적 경제학과도 다르다.

14) 신고전파 경제학(新古典經濟學)는 경제 학파의 하나로, 시장이 어떻게 작동하는지를 설명하는 학문이다. 원래는 영국 고전파의 전통을 중시한 알프레드 마셜의 경제학을 일컫는 말로 여겨지지만, 일반적으로는 한계혁명 이후의 효용 이론과 시장균형 분석을 받아들인 경제학을 가리킨다. 현재 신고전파 경제학은 미시경제학의 주류 학파가 되었으며, 케인스 경제학과 함께 주류 경제학을 이루고 있다. 거시 경제학에서 일컫는 거시 신고전경제(new classical economics)는 이전의 신고전파(neoclassical economics)와 구별된다.

15) 공공부문의 경제활동, 특히 공공재의 적정규모나 비용분담의 원칙을 연구대상으로 하는 학문이다. 이제까지의 재정학을 후생경제학적으로 재구축한 것이다. 일반적으로 재화의 공급은 시장기구에 의해 결정되지만 국방, 사법, 경찰, 외교 등의 공공재는 대체로 수익자부담 원칙이 적용되지 않으며 시장기구도 존재하지 않는다. 공공투자나 사회보장 규모의 증대 등 공공재의 범위가 확대됨에 따라 정치기구를 통해 결정되는 공공재의 적정규모 문제가 주목되고 있다.

되어 수요가 있다고 곧바로 생산물 공급이 가능한 것이 아니다. 또한 작물의 생육과정에서는 계절이나 기후의 영향을 받아 수확이전부터 생산물 수확량에 대한 정확한 예측은 매우 어렵다.

경제학 그 이외의 사화과학 이론을 응용함에 있어서는 이상과 같은 농업의 특수한 성격(자연과학적 특징)을 항상 염두에 두어야만 한다. 세상에는 농업을 공업이나 상업과 같은 것으로 생각하는 사람들이 적지 않다. 이것은 앞에서 언급한 것처럼 농업의 특수한 성격을 고려하지 않는 잘못된 사고이다.

이와 같이 생명자원경제학에서는 문과계와 이과계의 학문을 함께 공부하지 않으면 안 되는 시간적으로는 매우 어렵지만 오히려 연구할수록 보람을 느낄 수 있는 매력적인 학문이다.

(2) 생명자원경제학의 제분야

기초과목을 습득한 후에 드디어 생명자원경제학의 각 분야의 공부에 돌입한다. 이 분야는 대학마다 다소간의 차이가 있다. 전북대학교에는 생명자원경제학과와 생명자원유통경제학과가 설치되어져 있는데 두 학과에서도 커리큘럼이 매우 다르게 설정되어져 있다. 생명자원유통경제학과의 경우는 일반 농학을 포함한 영역인 생명자원분야 까지 확대된 영역을 커버하고 있다. 애그리비즈니스[16), 식품마케팅, 협동조합, 식품산업경영분석, 지역자원개발 등의 분야에 대한 학과목이 설강되어져 있다.

생명자원경제학 분야의 대부분은 연구대상에 의해 구분되어지기 때문에 각각의 내용을 명확하게 설명하지 않아도 대개는 어떤 분야인지 이해될 수 있다. 특히 생명자원유통경제학과의 경우 고전적인 생명자원경제학 분야에서 마케팅과 경영마인드에 집중하는 실용주의 노선을 중시하고 있다.

---

16)농업과 그 관련산업인 농업용의 생산수단 공급부문, 농산물의 가공 ·유통 부문까지 총괄한 개념이다. 지난날의 농업은 농기구 ·비료, 기타의 각종 농업용 자재 등의 생산수단 자체도 대체로 자급자족하였으며, 농업생산도 농경(農耕)을 중심으로 한정된 범위 내에서 이루어졌다. 그러나 경제의 고도발전과 더불어 농업용 자재 ·기기의 공급은 전적으로 독립된 공업이 담당하게 되었고, 생산면에서의 저장 ·가공 부문은 공업화되었으며, 유통부문도 독립된 상업에서 담당하게 되어 농업은 순수한 생산전문업으로 단순화되었다. 한편 이와 같은 관계는 농업의 개념을 넓은 의미에서 연관되는 상공업과의 자원이동에서 생산 ·유통에 이르기까지 밀접한 상호의존관계를 가진 산업으로 비약하게 만들었다. 제2차 세계대전 후 미국에서는 농업을 넓은 의미에서 그 관련산업까지 포함하는 포괄적인 산업으로 인식하게 되었다. 그리하여 애그리비즈니스를 구성하는 산업군은, ① 농업생산자재 부문, ② 농업부문, ③ 농산물 가공 ·유통부문으로 구분되어 있으며, 이는 많은 농가와 기업체로 이루어져 있다. 이들 각 부문의 상호관계를 거시적인 입장에서 분석하여 하나의 통합체로서의 조화적 발전을 기하려는 것이 애그리비즈니스 정책이다. 애그리비즈니스라는 용어는 1957년에 I.H.데이비스와 R.A.골드매그의 저서≪애그리비즈니스의 개념: A Concept of Agribusiness≫이 출판되면서부터 널리 사용되었다.

(3) 생명자원경제학의 연구방법

어떠한 학문이라고 할지라도 그렇지만 연구수행에 있어서는 우선 문제를 발견하고 정확하게 평가해야만 한다. 생명자원경제학이 연구대상으로 하는 문제는 추상적으로 말하면 농식품의 생산과 유통, 식품산업, 식량소비, 자연환경 등에 있어서의 경제·경영·정치문제이지만 구체적으로는 글로벌한 정치·경제문제부터 개별 농업인·식품기업의 경영문제까지 실로 매우 다양한 영역에 걸쳐 있다.

문제의 범위도 현상에 머물지 않고 역사나 이론문제에까지 이른다. 여하튼 연구대상으로 하는 문제는 사회적으로 의미가 있어야만 하고 지나치게 소소해 일반적이지 않는 문제는 생명자원경제학의 연구대상으로 적합하지 않다.

문제를 발견했다고 해서 곧바로 연구대상이 되는 것은 아니다. 연구를 수행하는 사람의 문제에 대한 관심이나 그 연구의 중요도, 더욱이 연구수행의 전망이나 물적 조건(연구스탭, 연구비 등)등에 의해 구체적인 연구과제가 설정되기 때문이다.

연구 과제를 설정했다면 제일 먼저 수행하여야 하는 것은 기존연구 혹은 관련업적의 문헌적인 정리이다. 이러한 작업을 수행함으로 채택한 문제가 어느 정도까지 연구되어져 있는가, 현재 어느 부문이 미해결되어져 있는가를 알 수 있게 된다. 또한 어떠한 시각과 방법으로 연구를 행할 것인가에 대한 예측도 가능하게 된다.

그리고 드디어 연구 착수라고 하는 단계에 접어들지만 문제의 성격에 따라 연구방법은 다양하다. 현상분석에서는 우선 연구과제에 관련된 통계·자료 분석을 행하는 경우가 많다. 세계적으로나 한국에서나 공적기관에서 작성한 농림수산식품통계, 경제통계가 있지만 특히, 우리나라에서는 농림수산식품부가 매년 혹은 정기적으로 작성한 농림수산식품통계의 대상·항목은 매우 다양한 분야까지 포함하고 있지만 통계의 신뢰성에는 약간의 의문이 제기되는 측면도 있긴 하다. 그러나 각종 통계에서 필요한 항목을 끄집어내어 이것을 정리·분석함으로써 문제의 기본방향을 파악할 수 있을 것이다.

통계분석에 의해 문제의 기본방향을 파악할 수 있다면 일반적으로 다음에 수행해야 할 단계는 실태조사이다. 이것은 자연과학의 실험에 해당되며 분석을 위한 데이터를 입수하고 문제의 본질을 정확하게 이해하기 위한 것이 목적이다. 조사대상은 문제에 따라 다르지만 농식품의 생산현장을 중시하는 연구라면 농가, 영농조합, 농협, 지방행정관청 등이 대상으로 되며, 유통면의 연구라면 생산현장, 영농조합, 농협

이외에 유통업자, 도매시장, 식품기업, 대형유통업체, 소비자 등이 대상이 된다. 조사 방법은 인터뷰, 앙케트, 기관으로부터의 자료수집 등 다양한 형태가 존재한다. 전국적인 자료나 정부의 농정의 흐름을 파악하기 위해서는 농림수산식품부와 그 이외의 공적기관에서 히어링과 자료수집을 해야 한다. 연구문제에 따라 국내뿐만 아니라 해외조사도 수행하지만 이는 연구의 물적 조건에 따라 결정된다.

그러나 우리나라의 생명자원경제학의 병폐중 하나는 현장을 보지 않고 계량경제학이란 수단만을 활용해 문제를 분석하는 경향이 자주 보이는 안타까움이 있다. 여하튼 생명자원경제학에서는 조사하지 않고는 발언할 수 없다고 말할 수 있을 정도로 현장에 대한 조사는 매우 중요하다. 많은 농업문제에 대한 진단과 방향제시가 탁상공론으로 그치게 되는데 이는 연구자들이 조사의 중요성에 대한 인식결여에서 비롯된 측면이 강하다.

조사를 마치면 예정한 데이터를 얻게 되면 다음으로 그 데이터정리와 분석을 수행한다. 여기에서는 통계분석을 포함하여, 생명자원경제학에 있어서의 데이터처리는 주로 컴퓨터를 이용해 이루어진다.

연구과정의 마지막단계에서 수행하는 것은 고찰이다. 이것은 주로 통계분석을 통해서 얻어진 전체동향과 실태조사와 데이터분석을 통해 얻어진 개별대상의 동향을 종합적으로 고찰하여 그 문제의 배경이나 요인, 동향의 특징, 영향의 정도 등을 해명하고 대상을 제시하는 것이다. 즉, 설정한 연구과제에 대해 분석결과에 근거하여 견해를 밝히는 것이 고찰이며 고찰의 최종적인 결과를 결론이라 한다.

이상의 연구순서는 현상분석을 염두에 둔 것이지만 역사나 이론연구에 있어서는 이러한 방법과는 다른 순서를 취하는 경우가 많다

6) 소 결론

사족을 붙이자면 학생들이 가끔씩 생명자원경제학을 전공해 어디에 써 먹을 수 있느냐는 질문을 받곤 한다. 생명자원경제학이 현재 수행하고 있는 많은 연구는 중앙정부, 지방자치단체의 정책이나 농업관련단체, 농협, 식품기업 혹은 관련기관의 대응전략에 직간접으로 관계되어져 있다. 따라서 생명자원경제학의 연구 성과는 실제적으로 이러한 기관이나 조직, 혹은 개인에 의해 채용되지 않는다면 실용화되지

않는다. 이점은 타 과학연구에 있어서도 같은 입장이다.

생명자원경제학에 관련하여 말한다면 식량위기와 환경문제의 중요성이 지금보다 훨씬 부각되어질 21세기에는 반드시 크게 부각되어질 학문이라고 예측할 수 있다. 문제가 심각화 되어 지면 될수록 그 분야의 필요성과 중요성은 더욱 커진다는 것은 역사에서 많이 보아왔다. 특히 농식품의 유통 분야의 중요성이 강조되어질 것이다. 이러한 측면에 확신을 가지고 의욕적이고 열정적으로 생명자원경제학에 매진하는 학생들의 전도는 밝을 것이다.

2. 생명자원의 최적배분 이론

1) 파레토효율과 사회후생의 극대

생명자원경제학은 유한한 생명자연자원과 자연환경을 인간의 경제적 후생을 극대화하기 위하여 어떻게 배분해야 하는가를 다루는 학문으로서, 경제학에서는 효율성의 달성을 바람직한 생명자원배분의 기준으로 삼고 있다. 여기서 생명자원이 효율적으로 배분되었다고 하는 의미를 파레토최적[17]이라고 한다.

파레토 최적상태를 달성하기위한 충족조건을 보기위해 생산요소(R;자연자원, L;노동)를 사용하여 재화를 생산하는 단순경제[18]를 가정하여 얘기하고 있다.

---

17) 자원배분이 가장 효율적으로 이루어진 상태를 파레토 최적이라 한다. 이탈리아의 경제학자 파레토에 의해서 최초로 언급되었다. 파레토최적이 이루어지려면 생산의 효율과 교환의 효율에 대해서 다음의 조건을 갖춰야 한다. ①생산의 효율에 있어서는 어떤 한 재화의 생산량을 증가시키기 위해서는 다른 재화의 생산량을 감소시키지 않으면 안된다. ② 교환의 효율에 있어서는 한 소비자의 효용을 증가 시키려면 다른 소비자의 효용을 감소시키지 않으면 안된다.

18) 정부부문과 해외부분이 존재하지 않는 경제를 의미한다. 단순경제에서 총수요는 소비지출과 투자지출의 합계와 일치한다.

(1) 생산에서의 효율성

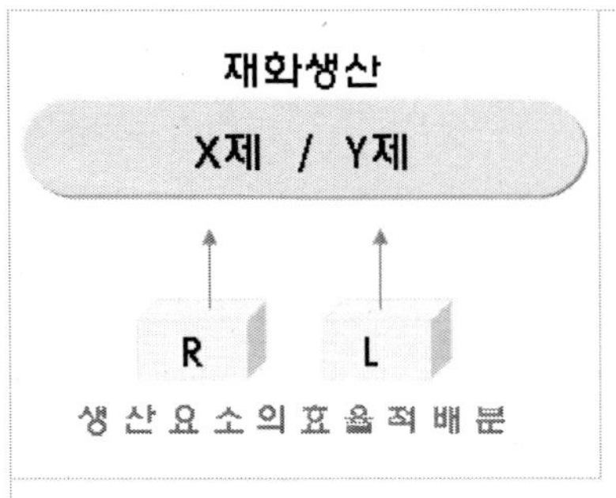

어느 한 재화의 생산량이 정해지면 R과 L을 사용하여 다른 재화의 생산량을 극대화함으로써 얻어진다.
<생산에서의 파레토효율성>
생산요소가 재화의 생산에 가장 효율적 배분상태
X값이 일정 할 때 Y 값을 극대화하는 식을 풀면

<생산에서 효율성 달성조건>
두 한계기술대체율[19] 일치(필요조건)

$$\frac{MP_R^Y}{MP_L^Y} = \frac{MP_R^X}{MP_L^X}$$

좌변
Y제 생산에 있어 요소 R과 L의 한계기술대체율
우변
X제 생산에 있어 요소 R과 L의 한계기술대체율

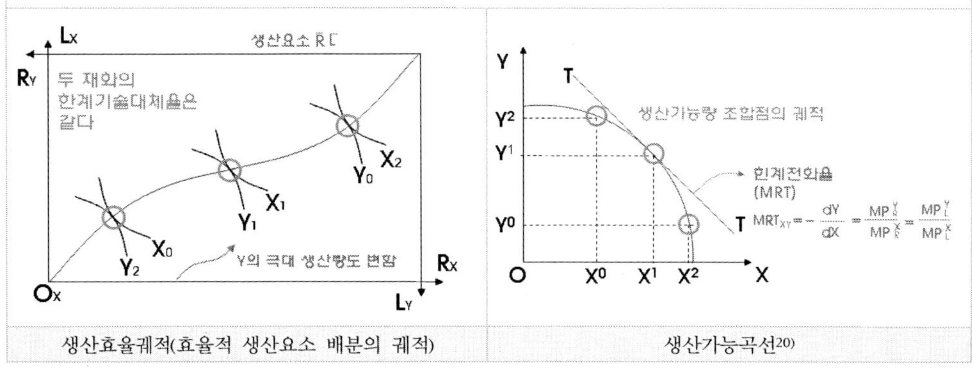

생산효율궤적(효율적 생산요소 배분의 궤적)

$$T \quad MRT_{XY} = -\frac{dY}{dX} = \frac{MP_R^Y}{MP_R^X} = \frac{MP_L^Y}{MP_L^X}$$

생산가능곡선[20]

---

19) 동일한 생산수준을 유지하면서 한 생산요소의 투입량을 증가시켰을 때, 감소시켜야 하는 다른 생산요소의 양을 말한다.

20) 일정한 생산요소를 완전히 사용하여 생산활동을 할 때 기술적으로 가능한 여러가지 생산물 조합을 그래프로 나타낸 것을 생산가능곡선 또는 생산단위(개별기업, 국가)는 주어진 생산요소들을 사용해서 생산에 임하고 있다. 생산단위가 총생산요소를 고용하여 농산물과공산품만 생산한다고 가정할 때 특정한 시점에서 공산물, 농산물을 각각 40단위와 30단위씩을 생산한다고 하자. 그러나 이 나라가 생산 가능한 생산물의 조합은 무수히 많다. 지금 40단위, 30단위 외에도 농업부문의 노동력과 기타의 생산요소를 공업부문으로 돌린다면 50단위, 25단위 또는 55단위, 23단위 등 수 없이 많은 형태의 생산물 조합을 취할 수가 있다. 이처럼 생산요소의 총량이 일정하다 해도 생산물 조합은 여러 가지로 나타날 수 있다.

(2) 소비에서의 효율성

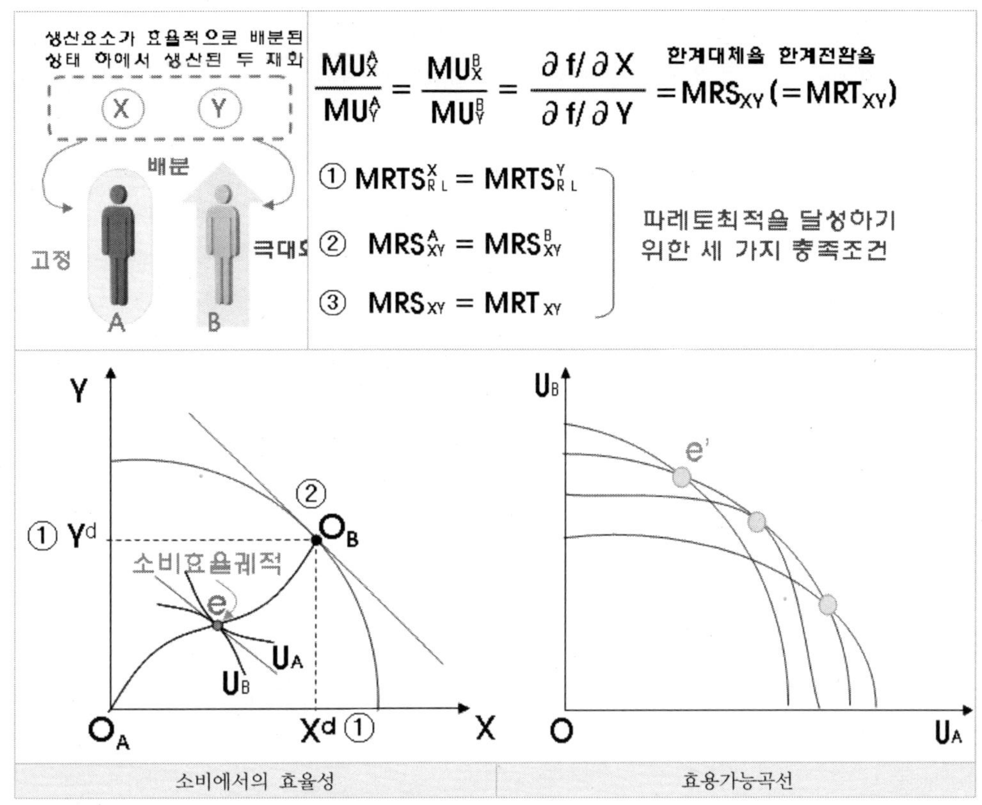

소비에서의 효율성	효용가능곡선

생산가능곡선상 어느 상에서도 효용가능곡선을 얻을 수 있고 이를 둘러싸는 포락선을 총고효용가능경계라 한다. 이 상의 모든 점에서는 생산요소의 효율적 배분, 소비자간 효율적 배분, 생산조합의 달성 등 모두 만족되고 파레토최적을 달성하기 위한 필요조건이 충족된다.

(3) 사회후생의 극대

사회후생극대[21]를 달성하기 위해서는 총고효용가능경계상의 한 점을 선택해야하고, 사회후생극수란 후생이 어떻게 배분되는가에 따른 사회적 선호체계를 말한다.

---

21) 사회후생극대화란 한 경제내의 자원이 파레토효율적으로 배분된 상태중에서 공평성 측면에서 가장 바람직한 분배상태를 의미한다. 구체적으로 효용가능경계와 사회적 무차별곡선이 접하는 점이 된다. 이는 가장 바람직한 사회상태이며 정부의 정책은 궁극적으로 사회후생극대화를 추구한다고 할 수 있다.

$W = w(U_A, U_B)$ 선호에 대한 합의가 이루어 진다해도 충분조건이 만족되어야만 사회후생의 극대치를 얻을 수 있다. 애로우(Arrow, K. J.)는 불가능성 정리[22]를 통해 민주체제 하에서는 자발적 의사를 통한 사회후생함수[23]는 존재 할 수 없다 하였다. 다음에는 2인으로 구성된 사회에서 사회의 후생극수가 존재한다고 가정할 때이다.

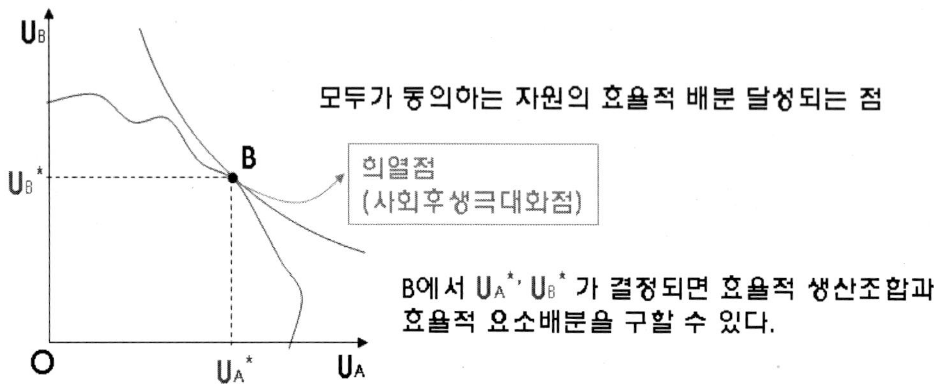

2) 파레토최적과 가격기구

완전경쟁경제에서 소비자와 생산자의 행동분석을 통하여 가격기구가 파레토최적 조건을 달성시키는 매개역할을 담당하는 것을 알 수 있다.

---

22) 1950년대 초 경제학자 애로우(Arrow, K. J.)는 타당한 사회적 선호관계가 구비해야 할 몇 가지 특성을 모아서 다음의 네 가지 조건으로 요약하였다. [조건 1] ('집단합리성의 조건') 사회적 선호관계는 완전하고 이행적이어야 한다. [조건 2]('파레토 원칙') 임의의 두 사회적 상태 s1과 s2에 대하여 국민 각자가 모두 s1을 s2보다 선호한다면 사회적으로도 s1이 s2보다 선호되어야 한다. [조건 3] ('제3상태로부터의 독립의 특성') 국민 각자의 개별적 선호관계가 변화한 후에도 기존의 두 상태에 대해서는 선호관계가 변하지 않는다면 그 두 상태에 대한 사회적 선호관계도 변하지 않는다. 공리주의적 선호는 이 조건을 만족하지 못한다. [조건 4] ('비독재성') 사회적 선호는 독재이어서는 안 된다. 애로우는 이 네 조건을 검토한 결과 이들이 서로 논리적 모순관계에 있음을 보임으로써 이 네 조건을 동시에 만족하는 사회적 선호관계란 결코 존재할 수 없음을 발견하였다. 이것을 애로우의 불가능성 정리라 한다. 애로우의 불가능성 정리는 1950년대 초의 경제학계에 대단한 충격을 주었다. 이것은 후생경제학에서 사회적 후생함수와 가치판단의 의미에 대하여, 그리고 더욱 폭넓게는 개인의 가치판단과 사회적 선택의 관련성, 민주주의의 이론적 가능성 등에 대하여 여러 가지 문제를 제기하였다.

23) 사회의 경제적 후생의 증감을 판단하기 위해 기준이 되는 것으로 사회의 경제적 후생과 이에 영향을 미치는 제요인과의 사이에 존재하는 함수관계를 말한다. 예컨대 국민소득의 변동이 사회후생에 어떻게 반영되는가 국민소득 분배의 평등, 불평등이 사회후생의 증감과 어떤 관계를 갖는가하는 문제 등의 판정기준을 부여한다.

(1) 소비자의 효용극대화

한계대체율과 가격비율을 일치(효용극대화)하게되고 시장가격은
어느 소비자에게나 동일하므로 매개역할을 통해 조건이 성립된다.
완전경쟁하에서 자동적 달성(효율적 배분의 필요조건)

$$MRS_{XY}^{A} = \frac{P_X}{P_Y} = MRS_{XY}^{B}$$

(2) 생산자의 비용극소화

극소비용으로 생산하기 위하여 두 생산요소의 한계기술대체
율이 가격비율과 일치하도록 하여 조건이 성립된다.
요소시장이 완전경쟁적일 때 자동달성(생산요소 배분조건)

$$MRTS_{RL}^{X} = \frac{P_X}{P_Y} = MRTS_{RL}^{Y}$$

(3) 생산자의 이윤극대화

이윤을 극대화하기 위하여 재화의 가격이 한계비용과 일치
하는 수준에 이를 때까지 생산량을 증가시키며 다음 조건이
성립한다. 이는 가격비율과 한계전환율이 같아야함을 의미하
고 비면에서 다음 조건 달성 족 한다.

$$\frac{P_X}{P_Y} = \frac{MC_X}{MC_Y} = MRT_{XY}$$

$$MRS_{XY}^{A} = MRS_{XY}^{B} = MRT_{XY}$$

완전경쟁경제에서는 경쟁균형을 통해 파레토최적이 자동달성 된다. 이를 후생경
제학 제1기본정리라고 한다. 완전경쟁지향이유는 시장가격기구의 매개기능을 통해
자원의 효율적 배분이 이루어지기 때문이다. 소비자한계사익=생산자한계비용(균형
가격결정) -가격기구정보전달 효율배분

(4) 정능적 효율성과 순사익의 극대

지금까지 분석은 정능적 효율성의 달성을 위한 일반 균현
분석이었고, 자원의 사용으로부터 얻어지는 순사익(총사익
과 총비용의 차이)을 극대화한다는 의미는 자원의 효율적
배분을 의미한다.

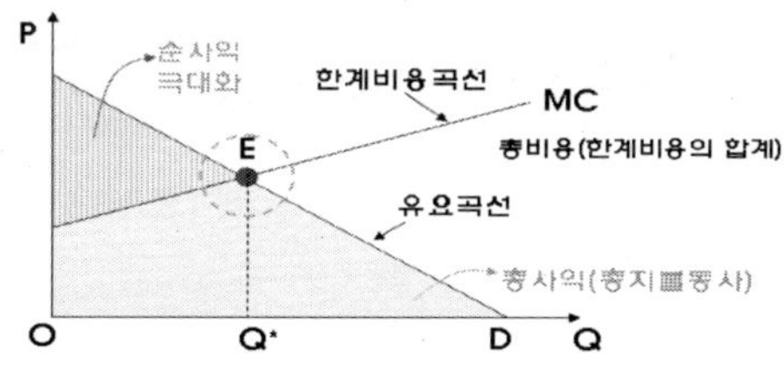

3. 시장의 실패

1) 신고전학파과 재산권학파

신고전학파 경제학에서는 효용극대화 이윤극대라는 두 가지 행동격설을 전제로 경제현상을 분석하고 변화를 예측한다. 그러나 제도적 문제를 회피하거나 최적화 문제만을 다루어 해결에는 부적합한 약점을 지니고 있다. 이를 극복하기 위해 제도학파가 등장하고 제도와 경제간 상호관련성에서 비롯되었다. 여기서는 신고전학파에서 사회경제적 후생관계를 탐구하는 재산권 접근법에 대하여 논의하고 있다. 재산권 접근법은 시장외적, 비경제적문제를 시장분석의 논리를 적용할 수 있게 되며 효용극대라는 분석법을 통해 대안의 유인구조를 예측한다. 재산권학파는 개인적 선택을 사회적 선의 지표로 보고 있는 특징을 가지고 있다.

신고전학파의 분석과 관련된 시장실패에 대해 논의 하고자 한다. 시장실패는 시장의 가격기구가 자원의 효율적인 배분을 가져오지 못하는 경우에 발생하며 평균비용하락산업, 독점, 외부효과, 그리고 공공재가 대표적 경우이다.

2) 평균비용하락산업

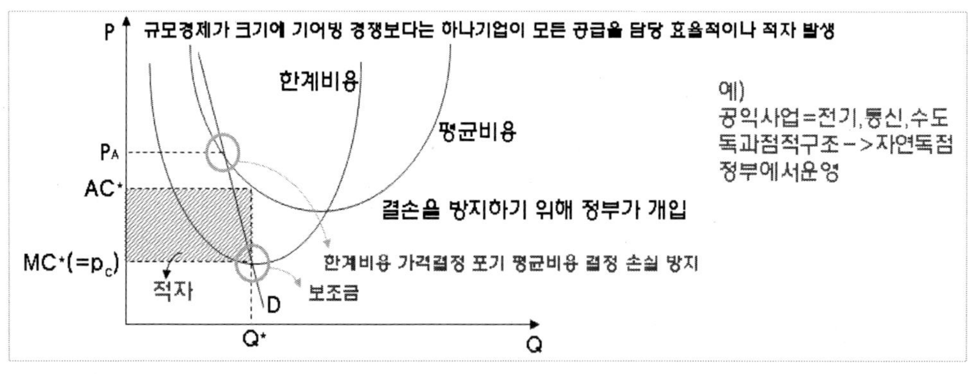

3) 독점

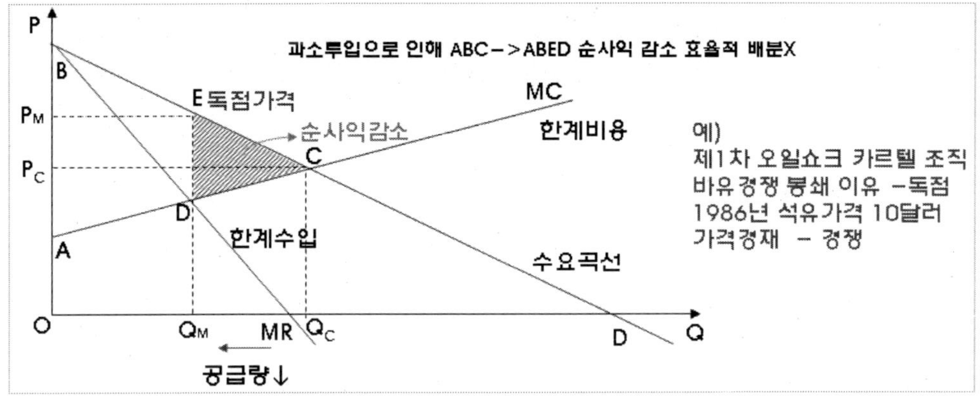

4) 외부효과

(1) 외부효과의 정의와 구분

경쟁적 시장구조에서 어떤 행동이 원래의 의도와는 관계없이 정 또는 부의 영향을 제3자에게 미치는 경우를 외부효과가 존재한다고 한다.

외부효과의 정(+)의 영향은 외부경제 예)신발명이나 기술혁신이 교육이나 지적수준을 높이는 경우이다.

외부효과의 부(-)의 영향은 외부불경제 즉, 공해의 발생(농사에 사용된 농약 농약공해)등이다.

외부효과는 ①금전적 외부효과와 ②기술적 외부효과로 구분되는데 금전적 외부효과는 간접적인 영향을 끼치는 경우이고 금전적 외부불경제는 시장실패의 요인이 되지 못한다. 그리고 기술적 외부효과는 경제시스템 내부에 적절한 피드백을 제공하지 못하여 시장실패의 요인이 되는 경우를 일컫는다.

(2) 파레토관련 외부효과와 파레토개선

사회전체로 보면 때론 일정량의 외부효과를 감수하는 편이 효율적 일 수 있다. 금전적 외부효과는 시장 기구를 통한 자원의 효율적 배분이 가능하나, 비효율적 자원배분 외부효과(파레토관련 외부효과)는 가해자의 행동을 조정함으로서 즉. 외부비용을 고려하도록 조치를 강구함으로써 외부효과의 내부화를 통해 파레토 개선을 기대할 수 있다.

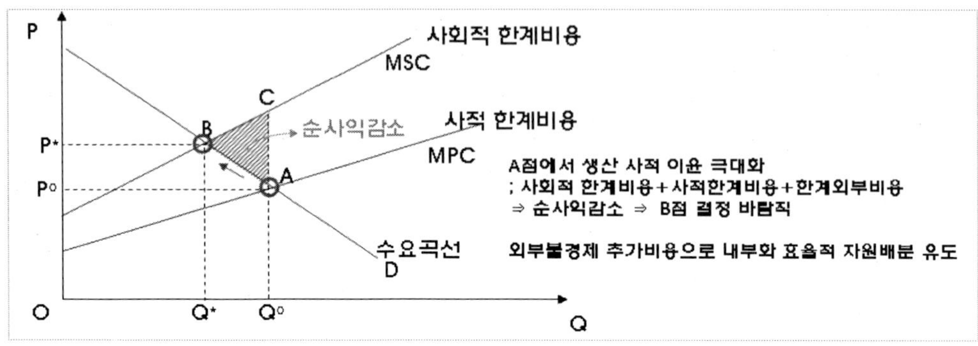

5) 공공재

(1) 공공재의 특징

공공재[24]란, 소비의 동시성, $MRS^A + MRS^B = MRT$(충족조건), 공급이 이루어지면 추가비용이 없기에

한계비용(0)이 되며 추가사용자 가격도(0)이 되어야 한다. 비경합성과 비배제성을 특징으로 한다.

사적재[25]란, 시장기구를 통해 공급되는, 경합성과 배제성을 동시에 가진 재화 즉

---

24) 공공재란 사유재(private goods)에 대립되는 것으로서 사유재와는 달리 그것에 대한 소비자들의 선호가 드러나지 않기 때문에 시장 메카니즘에 의한 공급은 불가능하고 투표를 통한 의사결정의 정치적과정(political process)을 통해서만 공급될 수 있는 성질을 갖는 재화와 서비스를 말한다. 예를 들면 경찰, 국방, 소방, 공원, 도로, 교육 등은 공공재의 대표적인 것들이다. 시장이 사유재를 공급해 주는 효율적인 기구가 되는 궁극적인 이유에는 두 가지가 있는데, 하나는 사유재에는 배제원칙(exclusion principle)이 적용된다는 것이며 다른 하나는 사유재의 소비행위는 경쟁적(rival)이기 때문에 배제원칙이 효율적으로 적용될 수 있다는 것이다. 배제원칙이란 재화 또는 서비스에 대한 대가를 지불한 사람만이 그 재화 또는 서비스를 소비할 수 있으며 대가를 지불하지 않은 사람은 소비에서 배제된다는 원칙이다. 그리고 소비행위가 경쟁적이라 함은 제3자의 소비행위에의 참여가 재화의 소비로부터 얻는 편익을 감소시킨다는 것을 뜻한다. 그런데 공공재에 있어서는 이러한 두 가지 조건이 충족되지 않는다. 즉 공공재는 비배제성(non-excludability)을 특징으로 하며 공공재의 소비는 비경쟁적(non-rival)이다. 만약 어떤 재화에 대해 배제원칙이 적용되지 않거나 그 소비가 비경쟁적인 경우에, 시장은 그 재화를 공급하는 데 실패하게 된다. 따라서 경쟁시장은 공공재를 충분히 공급해 주는 데 실패하는 것이다.

25) 공공재(公共財)에 대비되는 보통의 재(財), 즉 비(非)배제성과 비경쟁성의 성질이 없는 재(財)나 서비스를 사적재라고 한다. 여기에서 배제성(排除性)이란 대가를 지불하지 않은 소비를 배제할 수 있는 것을 가리키고 또한 경쟁성이란 어떤 사람이 소비해 버리면 다른 사람이 그 재를 소비할 수 없게 되는 성질을 가리킨다. 일반적으로 공공재라고 생각되는 재도 엄격한 정의를 적용하면 사적재인 경우가 많다. 예를 들면 고속도로와 전철 등은 요금을 지불하지 않으면 이용할 수 없기 때문에 배제성을 갖는다. 공공도로나 공원에는 그러한 의미에서의 배제성은 없지만 이용자가 많아져 혼잡해지면 각 이용자가 다른 이용자와 경쟁하는 것이 아니라 동시에 도로나 공원을 사용할 수 없게 되어 재의 등량(等量) 소비가 성립하지 않아 비경쟁성의 성질을 잃을 가능성이 있다.

민간재를 말한다. 개별수요의 합이 시장 수요다. $MRS^A = MRS^B = MRT$(충족조건)

(2) 공공재를 포함하는 경우의 파레토최적

공공재가 존재할 경우 효율적 재화배분을 위한 조건으로 모든 소비자에게 있어 공공재와 사적재의 한계대체율의 합이 한계전환율과 같아야한다는 것이다(=사뮤엘슨의 조건)

(3) 시장기구에 의한 공공재 적정공급의 설정

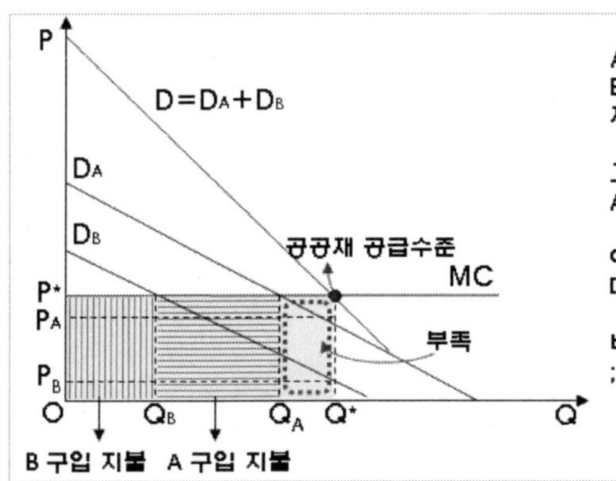

4. 재산권과 공유재산자원

1) 재산권과 거래비용

경쟁경제에서는 거래를 촉진하는 제도적 조건이 갖추어져야 하고, 완전한 재산권은 자원의 소유자에게 자원을 효율적으로 사용하여 순사익을 극대화 하도록 유도하는 강력한 유인을 제공한다. 재산권은 자원의 사용에 관한 소유자의 권리와 제약을 규정하는 사회적 제도로서 배타적, 구체적, 이전용이성, 무 제약성 조건이 충족되어야 한다.

사유재산제도하의 소유권[26]중 가장 제약이 약한 소유권은 배타적 소유권으로 모든 사익과 비용이 소유자에게 귀속되며, 모든 거래의 전제조건이 된다. 그러나 개인이 독자적으로 행사 하면 이해의 충돌이 발생할 수 있게 되기에 재산권이 구체적으로 완전히 명시되어야 한다. 이외에도 완전한 재산권 행사하기 위해서는 재산권 이전이 자유로워야 한다. 이 세 가지가 충족 되어도 재산권 행사에 어려움이 있다면 완전한 재산권 행사를 위해 침해행위에 적발이 용이하고 적절한 벌칙 규정이 마련되어야 한다.

시장실패의 요인 독점, 비용하락산업, 공공재 경우는 재산권과 직접적 상관은 없으나, 외부효과[27]의 존재는 재산권의 불확정에 기인하여 이해관계 상충에서 비롯된다. 여기서 거래비용[28]을 고려만 한다면 완전한 재산권이 부여되면 자원의 효율적 배분이 달성된다. 거래비용이 무시할 정도로 작아야한다. 거래비용은 제반 정보를 획득하는데 소요되는 정보비용, 계약비용, 관리비용으로 구성된다. 거래비용이 클 경우 시장 기구를 이용하기 보다는 비시장기구를 이용하는 것이 더 효율적이기도 하다. 이는 거래비용을 고려한 후에야 시장기구의 효율성을 논할 수 있다는 결론이 나온다.

재산권접근법에 따른 총괄효용가능경계[29]는 사전적으로 전제된 소득분배나 부의

---

26) 물권 가운데 가장 기본적이고 대표적인 것으로서 목적물을 전면적 · 일반적으로 지배하는 권리이다. 소유자는 소유물을 법률의 범위 내에서 자유로이 사용 · 수익 · 처분할 수 있다(민법 제211조). 소유권은 재산권의 기초이며, 자본주의사회의 법률상의 기본형태로서 오늘날 사유재산제도(私有財産制度)의 기초를 이루고 있다. 소유권의 내용인 물건의 지배는 전면성과 절대성을 가진다. 이점에서 일정한 목적의 범위 안에서만 물건을 지배할 수 있는 지상권 · 전세권 · 질권 · 저당권 등의 제한물권(制限物權)과 다르다. 또한 소유권(所有權)은 설령 제한물권을 설정하더라도 일시적으로 물건의 사용에 있어서는 공백이 되지만 이것이 소멸되면 원래의 원만한 상태로 회복되는 강력성을 가지며, 존속기간(存續期間)의 예정을 허용하지 않고 소멸시효(消滅時效)에도 걸리지 않는 배타적 지배권인 전형적인 물권이므로 그 상태가 침해된 경우에는 강력한 물권적 청구권(物權的 請求權)이 생기는 물권적 지배권(物權的 支配權)이다.

27) 어떤 경제 활동과 관련해 당사자가 아닌 다른 사람에게 의도하지 않은 혜택(편익)이나 손해(비용)를 발생시키는 것을 말하며 외부성(externality)이라고도 한다. 외부효과는 외부불경제(external diseconomy)와 외부경제(external economy)로 구분된다. 외부불경제는 어떤 행동의 당사자가 아닌 사람에게 비용을 발생시키는 것으로, 음의 외부성(negative externality)이라고도 한다. 외부경제(external economy)는 어떤 행동의 당사자가 아닌 사람에게 편익을 유발하는 것으로, 양의 외부성(positive externality)이라고도 한다. 외부불경제의 예로는 대기 오염, 소음 공해 등을 들 수 있고, 외부경제의 예로는 과수원 주인과 양봉업자의 관계를 들 수 있다. 과수원 근처에서 양봉을 하면, 과수원에 꽃이 필 때 벌들이 꽃에 모여들어 양봉업자는 꿀을 많이 채취할 수 있고, 과수원 주인은 꽃에 수정이 많이 되어 더 많은 과일을 얻을 수 있다. 미국 경제학자 로널드 코즈(Ronald Coase)는 재산권을 분명하게 해 주면 외부효과 문제를 정부가 개입하지 않아도 시장 기구가 스스로 해결할 수 있다는 '코즈의 정리(Coase theorem)' 이론을 주장하였다.

28) 각종 거래에 수반되는 비용을 말한다. 거래 전에 필요한 협상, 정보의 수집 및 처리는 물론 계약이 준수되는가를 감시하는 데에 드는 비용 등이 이에 해당된다. 또한 처음 계약이 불완전해서 재계약할 때 드는 비용도 포함된다. 시장이 발전할수록 경제활동에서 차지하는 비율이 증가하는데, 이를 줄이는 것이 기업의 중요한 목표가 된다. 1937년 영국의 경제학자 로널드 코스(Ronald H. Coase)가 <기업의 본질(The Nature of the Firm)>에서, 기업은 제품과 서비스를 생산하고, 팔고, 유통하는 데에 반복적으로 들어가는 비용을 절감하기 위해 조직된다고 발표하며 처음으로 사용하였다. 즉, 개인들이 시장에서 1:1로 거래를 할 때 수반되는 비용보다 기업을 조직하고 유지하는 데에 부가되는 비용이 오히려 싸기 때문에 기업이 조직된다고 하였다. 코우즈는 이를 토대로 하여 코스의 법칙(Coase's Law)을 세웠는데, 1991년 노벨상을 수상한 뒤 세계적인 주목을 받았다. 한편, 증권을 매매할 때 발생되는 비용을 의미하기도 한다. 이때는 거래 수수료와 할증료 · 할인료 · 제반 수수료 · 직접세 등이 포함되며, 특히 증권거래를 빈번하게 하는 투자자에게 중요한 의미를 갖는다.

크기뿐만 아니라 재산권을 포함하는 제도에 의해 규정되는 가변적인 개념으로 본다. 여기서 제도는 경제주체와 공공기관의 생산 및 교환에 관한 결정에 영향을 끼치는 상위 결정기구이자 인간관계의 룰을 규정함으로 의사결정에 영향을 미치는 유인 구조를 제공한다. 사회변화에 따른 정책의 변화가 제도의 변화를 가져오는 상위 결정구조로 본다. 재산권은 제도의 한 구성요인으로 파레토효율성을 달성하기 위한 자원배분에 영향을 미치지만 실제사회에서는 완전한 재산권이 규정되어 있지 않은 많은 자원이 존재하게 된다. 이를 전제로 하는 신고전학파[30] 경제학에서는 공유재산의 존

---

29) 효용가능경계(utility possibility frontier-혹은 효용경계곡선) : 결국 생산가능곡선의 각 점에서 소비의 효율성을 동시에 충족하는 점이 존재. 이는 효용가능곡선의 특정한 점. 이를 효용평면에 나타내면 효용경계곡선을 도출. 한편 이와 별도로 먼저 생산가능곡선의 다양한 점에서 각자의 효용가능곡선(계약곡선)이 도출한 후, 이들 다양한 효용가능곡선을 포괄하는 포락선이 효용가능경계. 이는 결국 효율적인 자원 배분을 표상하는 모형임.

30) 19세기 중엽 마샬(Marshall, A.)을 창시자로 하여 피구(Pigou, A. C.), 로버트슨(Robertson, D. H.), 로빈슨(Robinson, J.) 등 영국의 케임브리지대학 중심의 경제학자들에 의해서 전통적인 고전학파의 이론을 계승·발전시키는 동시에 당시의 시대적 요구에 부응하기 위하여 한계효용이론을 도입하여 절충적인 이론체계를 수립한 학파로, 케임브리지 학파라고도 한다. 신고전학파의 이론은 당시 영국자본주의제도의 모순인 소득분배의 불평등, 만성적인 실업, 독점 등의 문제를 해결하기 위한 실천적인 경제학 건설에 목적이 있었으나, 1930년대의 대공황중에 나타난 구조적인 실업이나 장기적인 침체현상, 경제변동과 같은 거시적 동태이론을 연구하지 않았기 때문에 고전학파와 신고전학파의 이론을 비판하고 경제이론과 경제정책의 새로운 방향을 제시한 케인즈혁명(Keynesian revolution)이 케인즈(keynes, J. M.)에 의해서 일어나게 되었다. 19세기 후반, 빅토리아여왕 시대의 영국은 자본주의의 세계적 발전을 완성함과 동시에 밖으로 미·독·불과의 경쟁에 부딪히게 되고 안으로는 점차 표면화되는 노자(勞資)대립에 직면하게 되었다. 이미 고전학파는 밀(Mill, J. S.)에 의해서 그 역사적 역할을 끝내고 리카도(Ricardo, D.)적인 사회주의 비판이 생겨나게 되었으며 한편으로 영국경제학의 전통하에 근대적 한계원리를 포섭하여 자본주의사회를 분석하고 그 조화적 발전을 확실히 하려는 학파가 발생했는데, 이것이 신고전학파이다. 1871년 영국의 제본스(Jevons, W. S.)는 멩거(Menger, C.)나 왈라스(Walras, L.)와 나란히 한계효용원리를 전개하여 영국경제학에 있어서 고전학파의 노동가치설에 대하여 주관적인 효용원리에 기초한 경제이론이 형성되는 길을 터놓았다. 이 때 리카도와 밀의 영국 전래의 고전학파사상을 토대로 하고 1870년대에 출현한 주관적 사상을 받아들여 두 개의 가치론을 절충·종합하여 독자적인 체계를 창출한 사람이 마샬이다. 그에 의하면 재화의 정상가격을 결정하는 것은 수요측면에서의 한계효용과 공급측면에서의 생산비이며, 가격형성과정에 시간적 요소를 도입, 장기정상가격의 결정에는 생산비가, 단기에는 한계효용이 주요인이라고 했다. 그는 이 분석을 통하여 탄력성 및 대표적 기업 등의 개념을 창출했다. 한편 경제변동의 일반적 상호의존관계를 밝히는 데 있어서는 곧바로 일반균형의 성립을 전제하지 않고 시장의 내적 구조에 직접 부분균형의 성립을 추구하여 그 체계화를 시도하는 방법을 택하였다. 이 이론은 로잔느학파의 일반균형이론에 대응하여 부분균형 이론이라고 불리우는 것으로, 시간요소를 도입하여 신고전학파에 있어서 경험적인 현실 접근의 방법론적인 특징을 이룬 것이다. 마샬은 이 균형이론을 근거로 분배론에서 정상이윤, 정상임금의 결정을 한계생산력균등의 법칙으로 설명했다. 그러나 총국민분배분, 즉 국민소득의 최대치가 반드시 사회적 후생의 극대와 양립되지 않는다는 본질적 모순이 이미 당시 영국사회에서 나타나고 있었다. 마샬은 경제논리의 고양에 의해 결국 이 모순이 극복되어 사회적 후생의 극대와 조화적 발전이 이루어진다고 생각했다. 그러나 이 모순은 제1차 대전 이후에 영국에서 더욱 확실하여졌다. 피구는 이 문제에 직면하여 「후생경제학*The Economics of Welfare*」을 저술하여 해결책을 제시하려 하였다. 그는 세 가지 주요명제를 들고 있다. 즉 다른 사정이 동일하다면 첫째, 국민분배분의 평균량이 크면 클수록 둘째, 분배가 균등화되어 빈자에게 돌아가는 국민분배분이 크면 클수록 셋째, 국민분배분의 변동이 작으면 작을수록 경제적 후생은 커진다고 하여 첫째 명제의 원리, 즉 한계생산력 균등과, 둘째 및 셋째 명제의 원리 즉 한계효용균등의 법칙 실현의 내적 관련성을 연구하였다. 그리고 첫째 명제를 주로 하여 자본주의의 체계를 긍정하여 둘째, 셋째 명제의 실현이 첫째 명제를 손상시키지 않도록 모순을 극복하여 체계화하려 하였다. 그는 이 문제를 1930년대의 대공황 속에서 고용 및 실업의 문제에 초점을 맞추어 발전시켰다. 케인즈의 분석은 구조적 실업의 발생에 대하여 피구를 포함한 고전학파 및 신고전학파의 이론을 비판하여 불완전고용상태하의 균형을 해결하는 새로운 이론체계를 탄생시켰다. 그리고 그것은 국가적 통제나 공공 사업에 의한 실업의 해결책을 요청하기에 이른 것이다. 케인즈에 의하여 일단 비판을 받고 수정된 신고전학파이론은 그 전제조건이 경제사회의 진전과 더불어 현실과 매우 달라지게 되었다. 특히 기업에 관한 이론은 다음과 같이 크게 변하게 되었다. 첫째, 국민 경제를 구성하는 단위경제주체는 분권적인 시장기구를 통해서 소유하고 있는 희소자원을 자유로이 사용 및 처분할 때 그 양에 있어서나 그 과정에 있어서 외부비경제가 발생하지 않는다는 묵시적인 조건이다. 그러나 개인이나 개별기업이 자유처분 할 수 있는 희소자원의 양이 너무 많거나 혹은 처분과정에서 제3자나 사회 전체에 미치는 영향이 외부비경제적인 것으로 나타날 때에는 분권적인 경제주체에 의한 선택의 자유는 그대로 허용될 수 없으며 이에 대한 한계에는 어떠한 형태로든지 사회적 합의가 이루어져야 한다. 둘째, 고전학파 및 신고전학파 이론상 엄격한 의미에서 생산의 주체는 기업가이지 '기업'

재가 효율적인 자원배분을 저해하는 요인이라고 비난한다. 공유재산이 초래하는 비효율적 자원의 배분의 두 가지 방안이 제시되어있는데 첫째, 공유재산자원을 사유재산으로 전환 둘째, 조세나 보조금 사적비용 사회적비용간 차를 줄이거나 두 가지가 불가능할 경우 공유재산자원에 정부가 직접 개입하는 것이다.

2) 공유재산자원의 정의와 특성

공유재산자원은 배타적인 소유권이 특정 개인에게 주어지지 않는 자원을 가르킨다. 그렇기 때문에 사람은 누구나 자유로이 접근하여 사용할 수 있고 사용자간에는 역의 상호관계라는 외부불경제[31]에 나타나는 두 특성을 가지고 있다. (=무소유자원)

자연자원에 대한 공동 이용은 금기를 통하거나 자원을 관리함으로서 자원의 고갈을 억제하였다. 배타적 자원소유권 부재로 생기는 문제들은 완전한 재산권 부여를 통하여 개인의 사적 이익을 극대화할 수 있도록 동기를 유발하여야 한다. 그러나 배타적인 소유권이 제약된 공유자원이 많이 존재하는 이유는 두 가지로 나누어 생각할 수 있다.

첫째, 특정의 자원은 개인의 소유가 될 수 없다는 개념(ex)호수, 강)

둘째, 자원 그 자체의 특성으로 인하여 배타적 소유권의 확보가 불가능한 경우(ex)희소자원)

무소유로 존재하는 공유재산자원과는 달리 여러 사람에 의해 소유되는 자원의 경우 적절한 제약을 통하여 바람직한 자원사용을 유도하기가 비교적 용이하다.

이 아니었다. 생산자는 생산기간이 전혀 없는 가운데 각종 생산요소를 결합하여 생산공정에 투입하면, 곧 제품이 생산되며 수요·공급의 균형이 이루어진다. 그러나 자본주의경제가 발전됨에 따라서 생산자본의 축적은 생산요소의 고정화, 생산의 우회화 및 기간의 장기화를 가져왔다. 이러한 과정에서 기업을 구성하는 물적 자원으로의 고정자산의 고정성은 높아지며, 이에 따라 인적자원의 고정성도 커져 자연히 기업을 구성하는 생산요소에 대한 법적 소유자의 처분의 자유성도 제한을 받게 되어 소유와 경영의 분리현상이 발생하게 되었다. 따라서 현대경제의 생산주체는 추상적인 개인으로 되돌리거나 분해할 수 없으며, 오직 유기적인 조직체로서의 주식회사, 합자회사, 합명회사 등의 '기업'이라는 점이 강조되어졌다. 그러나 여전히 자유자본주의 경제의 본질은 존속되는 것이다. 왜냐하면 그것은 첫째로 주식을 통한 유기적인 생산조직체로서의 기업소유를 포함하는 사유재산제도를 의미하며 둘째, 선택과 행동의 지표로서의 이윤추구가 그것이며, 끝으로 유기적 조직체로서의 기업을 포함한 경제주체의 자유성을 의미하기 때문이다.

31) 생산자나 소비자의 경제활동이 시장거래에 의하지 않고 직접적으로 또한 부수적으로 제3자의 경제활동이나 생활에 영향을 미치는 것을 외부경제 효과라고 하는데, 그 영향이 이익이면 외부경제, 손해면 외부불경제라고한다. 최근에 외부불경제로 대기오염·소음 등의 공해가 문제시 되고 있다. 외부경제효과가 있으면 시장기구가 완전히 작용해도 자원의 최적배분이 실현되지 못한다.

3) 공유재산자원의 채취

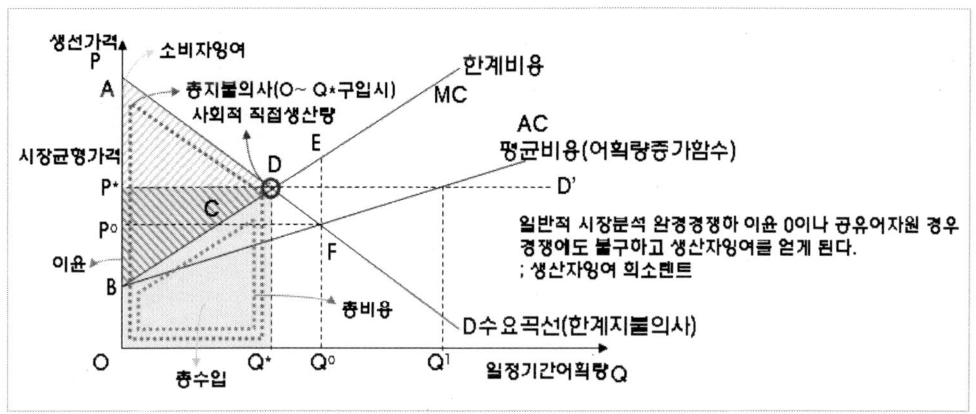

어획량을 Q*이상 증가시키지 않기로 합의하는 배타적 사유재산권이 존재하는 자원의 사용에서 기대할 수 있는 현상이 있으나, 자원사용이 개방되어 초과이윤이 존재하는 한 새로운 기업이 참여가 계속되어 생산량의 증가와 가격의 하락현상이 나타날 것이다.

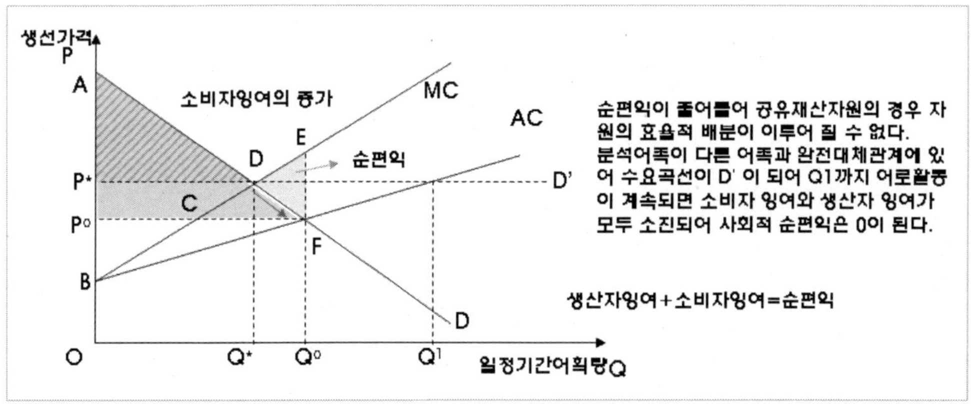

배타적 재산권을 보유하는 자원의 소유자는 스톡수준을 적절히 관리하여 자원의 사용으로 얻는 순수익을 극대화 하나, 공유재산자원의 경우에는 보존의 유인이 없어진다. 따라서 공유재산자원은 비가격 기구를 통하여 적절히 제한사용하지 않는 한 과잉채취라는 바람직하지 못한 결과를 가져온다.

제2부
생명자원경제별곡

[1] **힐빙**(heal-being)**경제학**

　지금 우리사회는 과거에 비해 삶의 만족도는 증가했지만 경제성장과 물질적 풍요가 어느 정도 도달한 이후엔 삶의 만족도가 정지된 상태다. 이것은 일정 단계에 도달한 물질적 성장은 정신적 성장을 요구한다는 것을 의미한다. 과학기술의 눈부신 발전으로 인해 인간의 삶은 보다 물질적으로 풍요해졌지만, 우리 내면은 물질만능주의와 지나친 경쟁사회에 지쳐버렸다는 것을 의미하는 하나의 현상으로 해석될 수 있다.

　원래 행복지수는 소득/욕망X100으로 표현 할 수 있다. 행복지수는 소득이 인간의 욕망을 충족시킬 때 나타나는 값이다. 즉, 소득이 많으면 많을수록 행복해져야 맞다. 하지만 경제 성장과 물질적 풍요가 일정 수준에 도달한 이후에는 삶의 만족도가 높아지지 않는다. 이런 현상을 두고'이스털린의 역설(Easterlin Paradox)'이라고 한다.

　사실 인간의 욕망은 묘한 속성을 가지고 있다. 이 욕망은 충족하면 할수록 더 커지는 것이 특징이다. 가난할 때는 적은 소득이라도 만족하고 행복감을 느낄 수 있는데, 일단 충족된 욕망은 그대로 있는 것이 아니라 배로 불어난다. 이렇게 되면 더 많은 소득이 필요하고 필사의 노력으로 소득을 올리면 욕망은 더 커지게 마련이다. 따라서 아무리 소득이 많아져도 기하급수적으로 팽창하는 욕망을 충족시킬 방법은 없다. 따라서 소득을 많게 해서 행복해 질려는 것은 불가능한 일이다. 그러다 보니 근래'치유'를 의미하는 '힐링'이라는 단어가 하나의 트렌드를 형성하며 우리 사회 곳곳에 퍼져나가고 있다. 비단 우리나라 안에서만 나타나는 현상이 아닌 전 세계적인 흐름이다.

하지만 다가올 미래에는 이보다 한 발짝 더 나아간 개념으로서, 힐빙(heal-being)이 힐링을 뒷받침할 새로운 대안으로 제시되고 있다. 인류와 환경의 어울림을 바탕으로 행복한 삶을 위한 새로운 문화의 아이콘인 동시에 웰빙과 로하스를 넘어서 다음 시대에 전개될 문화적 흐름일지도 모른다.

본래 힐빙은 치유를 의미하는 heal 과 건강·안녕을 뜻하는 well-being이 결합된 개념이다. 웰빙(Well-being)은 '잘먹고 잘살자'는 참살이 개념인데 비해 힐빙(Heal-being)은 건강하게 살아야 잘산다는 치료 개념의 참살이다.

힐빙은 물질적 풍요를 추구하는 산업사회의 부작용과 병폐로부터 생긴 각종 질환을 인문학과 과학기술 및 문화·예술을 융합해 예방하고 치유함으로써 자연과 인간의 조화로운 생태공동체를 추구하는 새로운 삶의 방식이다. 앞으로 이슈가 될 힐빙학은 높은 삶의 질은 경제적 풍요뿐만 아니라 신체적 건강과 정신건강 나아가 문화·예술의 향유를 통해서 구현될 수 있을 것이다. 이러한 높은 수준의 삶의 질이 지속가능하게 보장받기 위해서는 인간과 자연생태와의 상생적 관계가 기본적으로 이루어져야 한다. 이런 목표를 달성하는데 일조할 힐빙학의 기본 발상은 근대 영농 방식과 물질문명의 기본 편의의 틀에서 벗어나 자연과 하나 되며 인간을 포함한 모든 생명체들 고유의 생명 중심의 사유로 돌려보자는 데에 있다.

사실 인간은 온라인을 통해 지구촌 곳곳과 실시간으로 소통하게 되었고, 교통·통신의 발달과 석유의 활용으로 지구 반대편까지 하루 만에 갈 수 있게 되었다. 아울러 임상의학과 공중보건 및 예방의학 등의 발달로 전근대적 질병으로부터 해방될 수 있었다. 반면에 우리 사회의 형편은 그렇지 못하다. 물질적으로나 정신문화적으로 병든 상황에 놓여있다. 시청자들이'힐링 캠프'라는 방송 프로그램에 위안 받고 있는 것만 봐도 우리 사회의 병리적 현상이 어느 정도인지 짐작이 가는 사례이다. 이렇게 우리 사회는 치유를 간절히 바라고 있다. 이에 선진국은 힐빙(heal-being)환경을 추구하는 정책을 짜고 있다. 일례로 힐텍(Heal Tech)기법을 바탕으로 하는 힐빙학을 발전시켜 힐빙문화 시대에 걸맞는 환경조성을 중시한다. 힐텍은 파폐해진 자연과 지치고 병든 사람의 건강을 치유하기 위한 융합학문으로 인문학·사회과학, 예술·문화, 생명과학기술 등 다양한 분야의 지식과 정보를 통섭해 하나의 시스템 속에서 운영하는 특징을 갖고 있다.

우리도 건강하고 행복한 사회로 새롭게 거듭나기 위해서는 힐빙(heal-being)환경이 필요한 때이다. 자연과 인간이 상호 치유되고 상생할 수 있는 힐텍(Heal Tech)기법으로 생산된 상품을 소비하는 문화트렌드를 비롯해 힐빙산업과 건강장수, 힐빙 연관산업의 발전방향 등이 다뤄져야 할 것이다.

[2] 식량의 경제학

식량은 어디에서 오며 그리고 어떻게 만들어 지는가. 이런 물음에는 누구나 당황한다. 식량이 사람의 생명을 지켜주는 핵심 수단인데도 식량에 대한 낮은 인식 때문이다. 이런 무관심은 우리들뿐만 아니라 식량문제를 연구하는 전문가조차도 마찬가지다. 식량은 씨앗을 뿌리고 비료만 주면 저절로 얻어지는 것처럼 단순하게 생각한다. 그리고 그 본질을 파헤쳐보려는 문제의식도 없다. 속이 짠한 느낌이다. 식량은 씨앗에서 나오는 것도 아니고, 저절로 얻어지는 것도 아니다. 근본적으로 식량은 태양으로부터 온다. 태양빛과 물, 이산화탄소(CO)가 화학적 반응을 일으켜 식량이 된다. 즉, 우리가 먹는 식량은 태양 빛인 물리적 에너지가 탄수화물인 화학에너지로 변환된 형태다.

태양으로부터 오는 식량을 더 구체적으로 추적해보자. 사람이 생명을 유지하고 생활하기 위해서는 에너지가 필요하다. 그리고 에너지는 식량을 통해서만 얻을 수 있다. 식량에는 곡물과 육류, 생선 등이 있는데, 그 가운데 곡물은 식물들의 광합성작용(光合成作用)에 의해 만들어지고, 육류는 광합성작용을 하는 녹색식물을 먹고 자라는 초식동물이나, 먹이사슬을 통해 초식동물을 먹이로 하는 육식동물을 통해 얻는다. 생선(生鮮) 역시 물속에서 광합성작용을 하는 플랑크톤을 먹고 자라는 물고기를 통해 얻는다. 그래서 곡물을 먹든 육류나 생선을 먹든 근본적으로 인간은 광합성 작용으로 만들어진 탄수화물을 먹고 산다. 광합성작용은 태양 빛인 물리적 에너지를 화학에너지로 바꾸는 작용이다. 녹색식물의 광합성 작용으로 물리적 에너지인 태양빛이 물, 탄산가스와 결합하여 화학에너지인 유기물(탄수화물)을 만들어 낸다. 그리고 이 같은 유기물이 생명을 유지하는데 필요한 식량이 된다. 결과적으로 식량은 근본적으로는 태양으로부터 온다. 그런데 식물들은 식물마다 태양 빛인 물리적 에너지를 화학 에너지인 탄수화물로 바꾸는 능력이 다르다. 합성능력이 뛰어난 식물이 있는 반면, 합성능력이 떨어지는 식물도 있다. 합성능력이 뛰어난 식물들은 같은 태양

빛으로 더 많은 탄수화물을 생산해 낼 수 있지만, 반대로 합성능력이 떨어지는 식물들은 같은 태양 빛으로 적은 양의 탄수화물 밖에 생산해 낼 수 없다. 이를테면 녹조 식물인 클로렐라는 에너지 합성능력이 가장 뛰어난 식물 가운데 하나로 알려지고 있으나, 쌀이나 밀과 같은 곡물은 합성능력이 상대적으로 크게 떨어지는 작물이다. 따라서 우리 인간들이 태양에너지를 효율적으로 이용하여 더 많은 탄수화물을 만들어낼 수 있는 식물을 식량으로 이용한다면, 지구는 더 많은 인구를 먹여 살릴 수 있게 되고, 반대로 효율이 떨어지는 식물을 식량으로 할 경우에는 적은 인구밖에 부양할 수 없게 된다.

연구 자료에 의하면, 식량의 출발점이 되는 태양 빛은 1㎠마다 매분 2칼로리의 태양에너지를 지구에 쏟아낸다고 한다. 지구상의 생물들은 태양에너지를 이용하여 만들어진 식량으로 29조1324억명을 먹여 살릴 수 있다고 한다. 지금 지구상에는 70억에 가까운 인구가 살아가고 있다. 이처럼 많은 인구가 살아갈 수 있는 것은 농업 때문이다. 농업이 있었기에 가능했다. 그러면 농사를 짓지 않는다면 지구는 과연 얼마만큼의 인구를 먹여 살릴 수 있을까. 농사짓지 않고는 3천만 명밖에 살아갈 수 없는 지구다. 현재 지구상에서 수렵과 채취가 가능한 면적을 대략 7천8백만㎢(78억ha)로 추산하고, 이 면적을 자연 상태에서 한사람이 살아갈 수 있는 면적 2.6㎢로 나누면 농사짓지 않고 지구가 먹여 살릴 수 있는 인구수가 계산되는 데, 그것이 약 3천만 명 정도라는 것이다. 그리고 그것이 농사를 짓지 않은 상태에서 지구가 먹여 살릴 수 있는 인구의 한계가 된다.

일찍이 일본의 농학자 마쓰오 다카미네(松尾孝嶺)에 의하면, 태양에너지를 가지고 생활에너지로 합성할 수 있는 능력은 우유의 경우 0.04%, 돼지고기는 0.015%, 그리고 달걀은 0.002%라고 한다. 일본은 이런 근거로 식품별 인구부양 능력을 계산한 연구들이 활발하게 진행되고 있다고 한다. '식량' 이란 화두를 놓고 새겨 볼만한 의미 있는 대목이다.

반면 식량문제에 대한 낙관적인 견해도 있다. 미국국제식량정책연구소는 꾸준한 품종개발과 기술혁신, 그리고 얼음 속에 묻혀 있는 2억ha가 넘는 남극대륙을 개간한다면 지구는 120억 인구를 충분히 먹여 살릴 수 있을 것이라는 전망을 내놓았다. 하지만 이런 낙관적인 견해를 실현시키는 데는 엄청난 돈과 시간이 필요하다. 어떻게 보면 현실적으로 실현 불가능한 일일지도 모른다. 여하튼 획기적인 기술개발이 없는 한 지구가 지구 인구를 먹여 살리는 데는 분명 한계가 있다.

식량에는 태양의 혼(魂)이 스며있다. 더 이상 고개 숙인 벼 포기가 처연해 보이지 않도록 태양에너지를 늘리고 유동성을 높여 나가는 일, 차일피일 미룰 일이 절대 아니다.

[3] 대보름 경제학

정월 대보름하면 내 기억 속에서 가장 먼저 떠오르는 것은 '더위팔기'이다. 열나흘날 저녁 어머니는 나와 동생들에게 '더위팔기'에 대해 말씀하시면서 보름날 아침 해가 뜨기 전에는 동네사람들이 부르는 소리에 절대 대답하지 말라고 당부하셨다.

하지만 아침 일찍 이웃에 사는 친구가 찾아와서 밖에서 놀자고 내 이름을 불렀다. 나는 엉겁결에 '응'하고 대답을 했다. 그러자 그 친구는 기다렸다는 듯이 '네 더위, 내 더위'라는 말을 했다. 아차, 먼저 더위를 외쳤어야 하는 건데, 왠지 그날부터 이웃집 친구가 웬수가 되었다. 이런 풍속을 더위팔기(매서:賣暑)라고 했으며, 이렇게 우리는 정월대보름을 시작하곤 했다.

정월 대보름날, 아이들부터 어른에 이르기까지 마을엔 온통 놀이판이 벌어진다. 줄다리기, 달맞이, 농악 놀이,새 노래 등 민속놀이와 풍악이 울려 퍼지는 가운데 마침내는 다함께 참여하는 대동놀이로 놀이판은 확장된다.

특히 아이들에겐 정월 보름날 저녁에 많이 하는 불놀이가 있었다. 망우리라 하여 아이들이 무리를 지어 논이나 둑 같은 곳에서 횃불을 돌린다. 불을 넣은 깡통을 돌리기도 한다. 불이 돌아가는 모습이 마치 보름달 같아'망우리'라고 하는 것이다.

이때 둥근 불 주위에 검은 그림자가 많이 생기면 흉년이 든다고 한다. 우리 동네 아이들은 이웃동네 아이들과 들판에서 망우리를 돌리며, 힘겨루기를 하다가 결국 패싸움이 되는 경우가 허다했다.

율력서(律曆書)에 의하면 정월 대보름날 뜨는 보름달을 보며 한 해의 소원을 빌면 그 소원이 이루어진다고 믿었다. 동국세시기(東國歲時記)에는 '초저녁에 횃불을 들고 높은 곳에 올라 달맞이하는 것을 망월(望月)이라 하며, 먼저 달을 보는 사람이 재수가 좋다'고 적혀 있다.

그리고 정월 대보름에는 농사의 풍년을 기원하는 세시와 함께 농사의 풍흉을 점치는 세시가 많았다. 농사의 풍흉은 그 해에 제대로 비가 오느냐 오지 않느냐에 달려 있다고 해도 과언이 아니었다. 그래서 그 해 제대로 비가 올 것인지를 점치는 풍속이 많았다.

먼저 보름의 날씨를 통해 한 해 농사의 풍흉을 점치는 방법이 있었다. 정월 보름달의 색깔이 붉으면 그 해 날씨가 가물 징조이고, 희면 비가 많이 온다. 또 날씨가 흐리면 그 해의 농사가 풍년이고, 날씨가 좋으면 흉년이다.

겨울인 만큼 날씨가 춥고 흐려야 한다는 것이다. 실제로 겨울에 날씨가 너무 따뜻하면 보리가 웃자라는 등 피해가 있었다. 또 꼭두새벽에 첫 닭이 울기를 기다려, 그 우는 횟수가 열 번 이상이면 가뭄이 든다고 믿었다.

또 보름날 아침밥을 할 때 쓰인 나무 숯을 마당에 두어서 그 숯이 하얗게 변하면 날씨가 가물고 시커멓게 변하면 비가 많이 온다고 점쳤다. 이와 비슷한 방법으로 아침에 찰밥을 먹기 전에 보리, 나락, 콩 등을 태운 후 그 재를 밥에 묻혀 두었을 때 변하는 색깔을 보고 풍년과 흉년을 점치기도 하였다

정월 보름 아침 한 해 농사의 주역인 소를 통해 풍흉을 점치기도 하였다. 소 외양간 앞에 나물과 밥을 차려놓고 소가 나물을 먼저 먹으면 흉년, 밥을 먼저 먹으면 풍년이다. 또 새벽에 까치소리를 들으면 풍년, 새소리를 들으면 흉년이다.

정월 보름에 벌이는 놀이판에서도 농사의 풍흉을 점쳤다. 줄당기기를 해서 이긴 편은 풍년, 진편은 흉년이라든가, 동쪽이 이기면 풍년, 서쪽이 이기면 흉년 등 그 점치는 방법은 다양했다. 윷놀이, 동채싸움, 기싸움 등 놀이종목도 여러 가지였다.

이제 그와 같은 더위팔기, 불놀이, 점치기는 추억으로 존재한다. 그래도 대보름 먹을거리 풍습만은 여전히 전해져 내려오고 있고, 보름달만은 어김없이 떠올라 사람들에게 차오름의 만족과 비움의 겸허를 동시에 알게 해주고 있다. 그래서 대보름이라는 명일(名日)은 오늘날 우리 농촌에서는 각별한 의미를 지닌다. 따라서 정월은 사람과 신, 사람과 사람, 사람과 자연이 하나로 화합하고 한 해 동안 이루어야 할 일을 계획하고 기원해보는 달인 것이다.

2014년 청마의 해에도 도시와 농촌이 정월 대보름달의 의미를 되살려 하나가 되는 소망을 기원해본다.

[4] 하우스 경제학

겨울은 추워야 제 맛이라지만, 요즘 날씨는 춥다 못해 온몸이 시려 종종걸음을 재촉하게 만든다. 이런 때일수록 햇살 따사로운 주말주택이 생각난다. 사실 우리나라도 알프스 산자락을 방문한 듯한 아기자기함이 깃든 주택들이 많다. 들고 있던 사진기의 셔터를 연신 눌러도 보게 되는데, 어느 곳에 초점을 맞추어도 작품사진이 나올 것만 같은 진풍경들이다. 이 모두가 도시에서 농촌으로 탈출한 방문객들의 도농교류 모습들이다.

도농교류란 사람 간 교류, 정 문화의 교류, 직거래, 4도 3촌 정착으로 이어지는 개념이라고 할 수 있다. 농어촌 관광론의 현대관광 흐름을 볼 때 도농교류는 대형관광에서 체험－해설－교육－가족휴양 치유－귀농귀촌으로 발전한다.

여기에 중간다리 과정으로 가드닝문화를 들 수 있다. 즉, 테마설정에 이어서 가든피아를 실현하기 위해서는 장소해석으로 출발하여, 외지인과 내지인의 경계를 허무는 가드닝문화를 확산시켜, 결국에는 삶이 수익 수단이 되는 생명자본주의 장소로 발전시켜 나가야 한다.

선진국은 이미 베이비붐세대의 은퇴가 시작되면서 주말이나 휴가 때 머무는 세컨드하우스에 대한 수요가 늘어났다. 미국은 정기적으로 두 집을 왕래하는 사람을 일컫는 '스플리터(Spliter)'란 표현이 생길 정도로 세컨드하우스가 대중화되었다.

우리나라도 삶의 질에 대한 중요성이 커지면서 '세컨드하우스' 수요가 꾸준히 증가 추세다. 2002년 12월 개정된 농지법은 도시민이 주말 등을 이용해 취미 또는 여가활동으로 농작물을 재배할 경우 1천㎡의 농지를 소유할 수 있도록 했다. 또한 2006년부터는 영농체험 목적의 주말농장에 33㎡ 이하의 주말주택을 지을 경우 농지전용부담금을 50% 감면해주고 있다.

이 같은 흐름이라면 도시에 주택 하나, 시골에 주택 하나를 갖는 형식으로 1가구 2주택의 수요가 더 탄력 붙을 것으로 생각된다. 대개 이런 경우, 도시 아파트에서 주중 생활을 하고 주말은 농촌의 전원주택에서 보내는 것이 일반적이지만, 앞으로는 주말을 도시 아파트에서 보내고 주중에는 시골의 전원주택에서 생활하는, 일반적인 전원생활 유형과는 정반대의 생활을 하는 사람들도 생겨날 것이다.

과거 전원생활은 도시에서의 생활을 정리한 후 시작하는 것으로 여겼다. 그런데 최근에는 생활 근거지를 도시에 두고 있더라도, 가족과 휴가를 즐길 때나 답답할 때 휴식을 취할 장소로 세컨드하우스가 필요한 사람들이 늘고 있기 때문이다. 이런 추세 때문에 전원생활은 가볍고 경쾌해졌다.

도시 생활을 모두 정리한 후 세컨드하우스에서 모든 것을 처음부터 새롭게 출발해야 한다고 생각하면, 전원생활에 선뜻 접근하기가 어렵다. 하지만 주말 또는 반대로 주중에 휴식이나 레저용으로 이용하기 위한 공간이라면, 생활근거지를 통째로 옮겨오는 것이 아니기에 마음의 부담을 덜 수 있다. 도시에 살며 잠깐씩 세컨드하우스에 다녀오는 형태의 반쪽 전원생활을 하다가, 어느 정도 자신이 붙었을 때 완전히 삶의 터전을 옮겨도 늦지 않다.

그리고 도시생활에서 1가구 2주택은 양도세 문제 때문에 고민이 많다. 하지만 농촌에 있는 작은 규모의 세컨드하우스는 이른바 '농촌주택'이라 하여 1가구 2주택이 되어도 양도세 비과세 혜택이 있다. 수도권 이외의 읍·면 단위에 있는 집으로서 대지 면적 660㎡ 이하, 주택 면적 150㎡ 이하, 기준시가 2억 원 이하일 경우에는 농촌주택에 해당한다. 이렇듯 도시에 살면서 농촌에 조그만 세컨드하우스를 하나 더 마련해 사는 주거 구도에 대한 제도적인 배려가 꾸준히 지속되고 있어, 세컨드하우스 대중화에 크게 기여하고 있다.

문제는 기존 농촌 거주민과의 화합이다. 이는 기본적으로 풀어야 할 숙제다. 아울러 과거 전원주택의 최대 가치는 아름다운 자연 경관이었다. 하지만 지금은 투자비를 줄일 수 있도록 기반이 잘 갖추어진 곳, 마을이 형성돼 있어 생활비를 줄일 수 있는 곳으로 모이는 경향이 많다. 주택도 친환경적인 고려부터 연료비가 덜 드는 주택, 관리비를 줄일 수 있는 경제적인 집짓기 등에 관심이 크다. 특히 은퇴 인구가 늘고, 인구의 노령화가 가속화되면서 생활비를 줄여 사는 방법, 수익을 얻을 수 있는 대책이 구체적으로 강구돼야 할 것이다.

[5] 식(食)사랑 경제학

2050년 한국의 고령인구는 전체 인구의 37.4%라고 한다. 10명 중 4명 정도가 65세 이상 고령자인 셈이다. 지금은 6명이 고령자 1명을 부양하고 있지만. 2050년에는 1.4명이 1명을 부양해야한다. 특히 학교는 학생이 점차 줄어들어 문을 닫는 학교가 늘어나고, '교사라는 직업은 기피대상 1호 직업이 될 것이다'라고 전문가들은 전망한다.

게다가 한국의 현 세태는 초등학교 때부터 단순한 돈벌이를 위한 잘못된 경제교육을 시작하다 보니, 사회에서 강조하는 자율적인 인간, 창조적인 인간은 먼 나라 얘기가 되어가고 있다.

그런 의미에서 학교급식을 따져보자, 벌써 학교급식이 시작된 지 32년째다. 왜 학교 급식을 하고 있을까, 그 목적은 급식을 통한 학생의 건전한 심신의 발달을 도모하고, 나아가 국민식생활 개선에 기여함을 목적으로 한다. 그래서 '학교급식은 교육의 일환으로 운영되어야 한다.' 라고 학교급식법 제6조에 명시하고 있다.

바꿔 말하면, 학교 급식이란 끼니를 때우는 과정이 아니라 국어, 사회처럼 교육과목이다. 빵으로 적당히 끼니를 때우는 아이, 먹는 둥 마는 둥 입으로 들어가는 것보다 버리는 밥이 더 많은 아이, 인스턴트식품이나 편식 등으로 건강이 염려되는 학생들을 위해 시작한 게 학교급식이다.

본래 경제(이코노미)란 어원적으로 가정경영(household mabagement), 즉 살림살이를 뜻한다.

우리 살림살이의 기본 원칙 중 하나는 절약하고 알뜰살뜰 소중히 다루는 것인데, 오늘날 '경제적'이라는 말이 '절약되는'과 같은 뜻이다. 그런데 마치 오늘날 경제교육이 '돈벌이'와 '절약'이라는 이중성이 충돌하듯이, 학교급식도 그 목적과 방침대로 운영되지 못하고 있는 게 현실이다. 즉, 급식도 교육과목인데 수업을 통해 제대로 가르칠 교사가 없다. 영양교사가 있지만 수업시간은 없다.

그런 의미에서 최근 일본 문부과학성의 '수퍼 식생활교육(食育) 스쿨' 지정제도는 우리에게 시사하는 바가 크다.

이 제도는 식생활 교육이 학생들의 건강과 학력 등에 어떤 영향을 미치는지 검증하여 전국적 확산을 유도하기 위한 것으로 내년에 32~50여개 학교를 시범 지정할 예정이라고 한다.

운영방식은 학교 영양교사를 중심으로 지역의 농업인, 생산자단체, 대학, 기업 등과 협력해 식생활교육 프로그램을 개발하고 그 성과를 분석하는 형이다.

일본 문무과학성은 학교에서의 식생활교육 성과를 토대로 하여 가정과 지역적으로 확산시켜 나간다는 계획이다. 우리나라도 식생활교육에 대한 관심이 높아지고 있는 만큼, 학교에서의 식생활 교육 강화와 농협의 食사랑 農사랑운동'과 연계 추진을 검토할 필요가 있다.

그런 차원에서 몇 가지 제언하고자 한다. 먼저 식사랑 농사랑 운동의 전담 조직의 강화이다. 현재 농협 농촌지원부 내 식사랑농사랑 추진팀을 추진단으로 확대하고, 중앙회 내 농촌지원부와 경제사업부문 식품사업부, NH농협은행 및 NH농협보험 사회공헌팀이 참여하는 중앙회와 지주회사간 '농협 식사랑농사랑운동 협의기구'를 신설해야 한다.

아울러 농협만의 차별화된 식교육전문 농장 확대가 필요하다. 정부나 민간의 식생활 교육국민네트워크 등에서 추진하는 식생활 교육은 영양의 균형을 중심으로 한 식단에 초점이 맞춰져 있다.

이에 농협은 식농체험을 농촌 현장과 연결한 '식교육전문농장'과 같은 사업을 확대하는 동시에 일본처럼 '도시락의 날'을 지정하여 음식재료에 대한 이해도를 높이는 방안도 검토할 필요도 있다.

나아가서는 지자체등 다른 기관과의 네트워크 확대가 필요하다. 농협과 서울시가 공동추진하는 '도시가족 주말농부'의 경우 반응이 좋은만큼 '전국 지자체로 확대하는 방안을 검토해야 한다.

이밖에 농협안성교육원의 학교급식 활성화 과정인 '우리농축산물 바로알기' 프로그램을 대폭 확대시켜야 할 것이다.

[6] 지구를 살리는 경제학

지구에는 70억 인구가 살고 있다. 이 많은 사람이 살아갈 수 있도록 만든 산업은 무엇일까, 바로 농업이다. 농업이 있었기에 가능했다. 그러면 농사를 짓지 않는다면 지구는 과연 얼마만큼의 사람을 먹여 살릴 수 있을까,

농사를 짓기 이전에 인류는 채취와 수렵을 통해 식량을 얻어왔다. 자연 속에서 식량을 얻어냈다. 그래서 자연은 사람을 부양하는 터전이었다. 사람이 적을 때에는 사람은 자연 속에서 얻어지는 식량만으로 충분히 살아갈 수가 있었다. 하지만 인구가 늘어가면서 자연은 더 이상 사람을 먹여 살릴 수 없는 한계에 부딪쳤다. 자연 속에 존재하는 식량자원은 일정한 데 비해 식량에 대한 수요는 증가했기 때문이다. 여기서 사람들은 더 많은 식량을 얻기 위한 방법을 고안해 냈다. 농사를 짓고 가축을 기

르는 방법이었다. 그것이 바로 농업의 시작이고 축산의 시작이다. 그리고 지금은 농사짓지 않고는 도저히 사람을 먹여 살릴 수 없는 상황이 되었다.

그러면 사람들이 농사를 짓지 않고 수렵과 채취, 즉 자연 상태로 살아간다면 지구는 과연 얼마만큼의 사람을 먹여 살릴 수 있을 것인가, 인류학자들은 여러 가지 추정을 통해 그 해답을 얻으려 하고 있다. 그 가운데 하나가 지금도 농사를 짓지 않고 수렵과 채취만으로 살아가는 원시 민족을 통해 그 해답을 얻고 있다. 그 대표적 사례가 피그미(pigmy) 족이다. 이들의 수는 약 12만명으로 추산되는데, 케냐를 중심으로 중앙아프리카에 분포하여 살고 있다. 피그미족은 세계에서 가장 작은 종족이며, 성인남자의 평균 신장은 150㎝ 밖에 되지 않는다. 이들은 지금도 농사를 짓지 않고 수렵과 나무열매만으로 살아간다.

인류학자들은 수십년전 피그미족들의 생활범위가 약 2.6㎢에 한사람이라는 사실을 밝혀냈다. 2.6㎢면적에서 채취하는 나무열매와 수렵으로 이들은 살아가고 있다는 것이다. 바꿔 말하면, 인간이 농사를 짓지 않고 자연 상태에서 살아가기 위해서는 한 사람당 2.6㎢의 면적이 필요하다는 것이다. 따라서 지구 면적 가운데 수렵이나 나무열매 채취가능 면적을 2.6㎢으로 나누어 주면 농사 없이 살아갈 수 있는 사람을 쉽게 계산할 수 있다.

일본의 농학자 마쓰오 다카미네(松尾孝嶺)는 현재 지구상에서 수렵과 채취가 가능한 면적을 대략 7천8백만㎢(78억ha)로 추산하고, 이 면적을 자연 상태에서 한사람이 살아갈 수 있는 면적 2.6㎢로 나누면 농사짓지 않고 지구가 먹여 살릴 수 있는 인구수가 계산되는 데, 그것이 약 3천만 명 정도라고 한다. 그리고 그것이 농사를 짓지 않은 상태에서 지구가 먹여 살릴 수 있는 인구의 한계가 되는 것이다.

그러나 지구는 농업의 발달을 통해 많은 식량을 생산함으로써 엄청난 사람을 부양할 수 있는 능력이 생기게 되었다. 60억이 넘는 사람이 살아갈 수 있는 것은 농업이 있기에 가능한 일이었다.

아울러 현재 지구상의 육지면적은 약 148억ha이고, 경지면적은 육지면적의 10분의 1인 약 14.2억ha로 추정하고 있다. 세계식량농업기구의 예측에 따르면 앞으로 새롭게 증가할 수 있는 경작가능면적은 12∼16억ha정도로 전망하고 있는 데, 이러한 전망은 현재 경지면적의 두 배까지는 경작면적을 확대시킬 수 있다는 계산이다. 단위 면적당 수확량이 앞으로도 지금 수준을 유지할 것이라고 가정 한다면, 지구가 수용할 수 있는 인구의 한계는 지금 지구인구의 두배인 약 100~120억 정도가 된다. 따라서 세계 인구가 100억을 돌파할 것으로 예상되는 2050년 이후부터 식량부족으로 인구 증가는 사실상 거의 불가능 할 것으로 예상하고 있다. 하지만이 경지면적을 늘리는 것은 쉬운 일이 아니다. 그 만큼 많은 비용과 시간이 걸리기 때문이다. 여하튼 획기적인 기술 개발이 없는 한 지구가 지구 인구를 먹여 살리는 데는 분명히 한계가 있다. 이는 농업이 지구 인구를 부양하는 데 얼마나 중요한가를 일깨워주는 대목이다.

[7] 농촌문학과 생명경제

농촌문학은 전원적이고 향토적인 공간으로서의 농촌을 배경으로 하거나 농민을 주인공으로 설정한 문학이다. 농촌문학에서의 '농촌'이란, 소위 근대화과정에서 소외된 지대로서의 농촌이고, 그 농촌이 사실은 국민의 절대 다수란 점에서, 겉으로 나타난 근대화가 실상은 얼마나 허망한가를 보여주려는 리얼리즘문학의 한 양상이다. 「흙, 상록수, 감자, 빈처, 동백꽃」등이 떠오른다. 이중 단편소설 '감자'의 작가 김동인의 집, '빈처' 현진건의 초가, '동백꽃' 김유정의 생가 등, '단편문학 마을'은 우리나라 단편문학 거장들의 일대기를 한눈에 볼 수 있도록 이들의 생가를 그대로 재현해 놓은 것들이다. 이들은 모두 소재와 공간적인 면을 중심으로 내려진 명칭들이다.

흔히 세월은 흐르는 물(流水) 같고, 쏜 화살과 같다고 한다. 세월이 물레살 돌아가듯이 농촌문학도 빠르게 흘러버렸다. 보통 '시간은 돈이다' 라고 말하는데, 내 생각엔 '시간은 생명이다' 고 말하는 게 옳을 듯싶다. 사실 '지금, 이곳 농촌의 공간과 시간을 빼 놓고, 어디 가서 우리의 생명, 우리의 존재를 찾을 것인가.

변화무쌍하고 사연도 많고 곡절도 많은 우리의 삶속에서 농촌문학은 어떠한 긍정적인 작용을 하고 효용이 있는 것일까, 유한하고 일회적인 우리의 삶에서 농촌문학은 위안과 교훈과 즐거움을 얻을 뿐만 아니라, 자기 성찰과 자기 혁신, 자기 구원과 타인 구원을 위한 하나의 유용한 도구임에 틀림없다. 땀과 눈물이 뒤엉킨 우리의 삶에서 우러나온 비타민 같은 지식과 경험이 농촌문학의 사유 방법을 통하여 기록되고 전파되고 후세에 계승되어 오지 않았다면, 지금의 삶은 없었을 것이다.

돌이킬 수 없이 흘러가는 덧없는 세월 속에서 철이 들고 나이가 들면, 우리 인간의 삶도, 우리 인간의 정신도, 사람 자체도 정말 복잡 미묘하고 알 수 없는 존재처럼 느껴지게 마련이다. 그래서 우리는 시간이 한참 흐른 뒤 농촌에서 문학을 찾고 삶을 찾는다.

농촌문학작품 중에서 노벨문학상을 받은 작품들이 꽤 많다. 1924년 수상작'농민'은 폴란드 작가 레이몬트의 작품으로서 땅의 중요성을 일깨워준다. 우리들에게 익숙한 미국 펄 벅의 '대지'는 1938년 수상작으로서 중국을 배경으로 역시 땅의 중요성과 함께 농민들의 근면함과 끈질긴 생명력을 그린 작품이다. 1962년 수상작 미국 존 스타인벡의 '분노의 포도'는 농토를 잃고 일자리를 찾아 서부 캘리포니아로 가던 농민들의 애환을 그렸다. 여기서, 땅은 그 소유자의 분신이라고 역설한다.

올가을에 메밀꽃으로 하얗게 물드는 평창 봉평면에서 제15회 평창 효석문화제가 개최되었다. '이효석의 꿈'을 부제로 이효석 문학관 주변에는 100여만㎡의 메밀꽃밭이 조성되어 아름답게 핀 메밀꽃을 볼 수 있었다.

경기도 양평 황순원문학촌 소나기마을에선 황순원 작가의 문학적 업적을 기리고 어린이, 청소년, 일반 문학동호인들의 건전한 정서 함양을 위한 '황순원 문학제'가 열렸다.

그뿐인가. 벽골제로 상징되는 전통농경문화를 오늘에 재현하는 '김제 지평선 축제', 동의보감의 우수성을 재조명하는 '2013 산청전통의약엑스포' 등 빛나는 문화ㅡ자연 유산을 활용한 명품 축제들이 가을 하늘 아래 펼쳐졌다. 그뿐인가. 시집살이보다 더 매운 고추이야기 '2013 괴산 고추 축제', 통통하게 살이오른 서천 '전어ㅡ꽃게 축제' 등 곳곳에서 다양하고 풍성한 이벤트가 이어졌다.

이 가을 춤추지 않는 것이 어디 있으랴. 공동운명체인 우리들의 삶도, 그 삶의 토양 속에 뿌리를 내리고 영양분과 수분을 빨아 올려서 맺게 되는 열매라고 할 수 있는 것처럼 우리의 삶도 바람직한 방향으로 흘러갈 것이라는 밝은 희망과 긍정적인 전망을 갖게 한다.

그런 의미에서 농촌은 문학의 출생지요. 생명경제의 버팀목이다. 이 가을 농촌을 통해 자연과 삶을 연계시켜서 누구나 마음이 부자가 되는 시간들이 만들어졌으면 한다. 따라서 '시간은 돈이다' 아니라, '시간은 생명이다' 고 말하는 게 옳은지도 모르겠다.

[8] 축제의 창조경제학

바다 축제가 한창이다. 춤추는 바다에서 매우 역동적이고, 실험적인 축제가 시도 되고 있다. 해수욕장 해안로를 따라 설치된 다양한 무대는 일상공간을 예술이 물결 치는 환상의 공간으로 변화시킨다. 다채롭고 재미있는 야외공연들이 축제기간 내내 풍성하게 펼쳐져 공연장을 오가는 모든 관객들에게 한여름 단비 같은 즐거운 시간 을 선물한다. 모두가 즐기고 함께하는 축제, 의미 그대로의 축제를 창조하고자 하는 그 목적에 맞게 공연을 하나씩 하나씩 꽃을 피운다.

사실 현 정부가 추구하는 국정의제는 '창조경제'이다. 창조경제란 새롭고 독창적인 아이디어로 경제적 자본과 상품을 창조하는 것이다. 다시 말하면, 각 분야가 창조적 실행을 통해 국가의 핵심과제인 경제부흥에 매진토록 하는 국정운영 패러다임이다.

그것은 당연히 분야마다 다르다. 때로는 창조경영일 수도 있고, 때로는 창조축제 일 수도 있다. 그런 차원에서 '창조축제'를 복잡하게 생각할 것도 없다. 말 그대로 '축제'에 '창조'를 덧붙인 것이 '창조축제'이다.

그럼 '축제'에 덧붙인 '창조'는 무엇일까, 창조란 사전적 의미 그대로 '새로운 무엇 인가를 만들어내는 것'이다. 그렇다면, 무엇을 새로 만들어내겠다는 것인가, 결론적 으로 말해, 축제의 부흥을 위한 것이라면 무엇이든 다 만들어내야 한다. 분야나 수단 은 중요하지 않다.

이런 창조 축제는 얼마든지 있다 .

첫째, 멕시코의<죽은자의 날>사례다. 죽은 자의 날(스페인어: Día de Muertos)은 멕시코의 전통 축제 중 하나로, 11월 1일부터 2일까지 이틀에 걸쳐 열리는 축제이 다. 죽은 자들이 일 년에 한 번 이승의 가족과 친구를 만나기 위해 찾아오는 날이다. 살아있는 사람들은 음식과 꽃, 촛불로 죽은 자를 환영하고 해골 분장과 조형물로 축 제를 연다. 또한 이 전날은 죽은 아이들을 위한 날이라고 한다. 멕시코에서는 아이들 이 죽으면 자동으로 천사가 된다고 믿는다.

둘째, 노르웨이의<바이킹 축제>사례다. 노르웨이 바이킹축제는 매년 5월 17일에 오슬로에서 열리는 축제이다. 이 축제는 원래 유럽 각지에 흩어져 살던 바이킹의 후 예들이 조상의 고향인 노르웨이 서쪽 해안의 섬 카르웨이의 부퀘이에서 모여 선조 들이 살던 방식으로 일주일간 숲속생활을 즐기던 것에서 유래하였다고 한다. 바이킹은 약탈과 침략을 일삼는 해적으로 많이 알려져 있지만, 실제로 그들은 새로운 항로와 시장을 개척하고 무역에서 뛰어난 업적을 남겼다고 인정하고 있다. 그래서 노르웨이 사람들은 축제를 통해 바이킹의 개척정신과 용맹성 및 뛰어난 항해술을 기리고 있다고 한다.

셋째, 인도의<낙타 축제>사례다. 인도의 낙타축제는 매년 11월 보름달이 뜰때 열리는 푸시카르 낙타축제다. 푸시카르 도시가 생겨난 동화 같은 이야기는 천지창조라고 믿는 브라후마가 손에 들고 있는 연꽃을 땅에 떨어뜨려 그 자리에 물이 용솟음쳐서 호수가 생기고 그 주위로 작은 마을이 형성되었다는 이야기다. 이 작은 도시에서 매년 11월 보름달이 뜰때 축제가 열리는데, 푸쉬카르축제 또는 낙타축제로 알려진 이 축제는 두 가지의 목적으로 이루어 진다고 한다. 하나는 각지에서 낙타를 사고팔기 위해 형성되는 우리나라 시골 5일장 같은 성격이고, 다른 하나는 푸쉬카르 호수에서 목욕을 하면 죄가 씻겨 진다고 믿는 순례자들의 대이동과 같은 종교적인 성격으로 이루어진다고 한다.

넷째, 영국의<에든버러 축제>사례다. 이 축제에서 가장 많은 관심을 끄는 부분은 프린지 공연, 즉 다양한 사이드 공연이다. 소규모 단체들의 자발적인 공연으로 시작되었으며, 공연에 대해서 어떠한 심사도 이루어지지 않는다. 밴드 공연, 코미디극, 보디페인팅 등 길거리 퍼포먼스가 아무런 제약과 구속을 받지 않기에 새로운 시도를 하는 다양한 작품들을 만날 수 있다.

축제는 자유와 예술을 사랑하는 사람들의 실험장이기도 하다. 이제 에든버러 축제는 모든 예술인들이 꿈꾸는 환상의 무대가 되었다. 이 축제가 돋보이는 이유는 대부분의 지역 축제가 그 지역의 전통을 기반으로 발전하는데, 이와 달리 에든버러 축제는 현대적인 전시와 예술 공연을 토대로 한다는 점 때문이다. 인위적으로 만들어진 축제가 어떻게 지역의 고유성과 정체성으로 수용되는가를 모범적으로 보여 주는 사례이다

이렇듯 무에서 유를 찾아내어 새롭게 탄생시키는 것이 바로'창조'요 그 결과적 효과가 '경제'이다. 정부나 기업은 물론이고 각 개인들도 상상력과 창의력을 동원하여 '무엇을 어떻게 창조하여 잘살 것인지' 궁리하고 실행해야 할 때이다.

[9] 작은 마을의 큰 경제학

옛날에는 평범한 마을이었다. 하지만 아이디어와 주민의 협력이 세상과 삶을 통째로 바꿔버린 마을들이 있다.

헤이온와이(Hay-on-Wye)는 잉글랜드−웨일스 접경지역 와이강가에 있는 인구 1300명의 마을이다. 5월 말에는 헤이축제 준비가 한창이다. 옥스퍼드대를 졸업한 괴짜 리처드 부스가 1961년 낡은 성을 사서 헌책방을 만들면서 지금은 100만권 넘는 장서를 가진 세계 최대의 '책마을'이 되었다. 우리나라 파주 헤이리 마을의 모델이다. 작년에 책마을 시작 50주년을 맞은 헤이는 40여개의 책방과 30여개의 골동품가게들이 매년 50만명 이상의 관광객을 맞이하였다고 한다. 한해에 팔리는 책만 해도 100만권이 넘는다. 007의 작가 이언 플레밍이 이곳에서 다윈의 <종의 기원> 초판본을 찾아낸 일화도 있다.리처드 부스는 '헌책이 대형마트에서 팔지 않는 이유에' 대해 고민하다가 작은 마을을 선택했다고 한다. 그가 열네살 때 단골 서점 주인이 '너는 헌책방 주인이 될 것이다'라고 했는데 그 말이 현실이 되었다. 리처드 부스의 사회혁신은 모든 것을 주민들과 함께하고, 주민생활과 연계하며, 기존에 있는 것들과의 자연스러운 어울림을 통해 창조적인 문화도시를 만들어낸 것이다.

고령토 광산이었던 잉글랜드 남서부 콘월지역의 에덴은 세계 최대의 온실로 탈바꿈했다. 5000여종 100만 식물이 재배되는데 2001년 3월 개장 이래 연간 125만명이 찾고 있다. 20번째 007 영화 <어나더데이>의 촬영지이기도 했다. 우리나라 서천 국립생태원의 모델이다. 유명 음반 제작자였던 팀 스미트는 19세기풍 정원을 복원하다 에덴을 구상했다. 아이디어 단계부터 주민들과 협력했다. 공사기간 중에 이미 50만명의 유료 관광객이 찾았다. 에덴의 비전은 '환경, 주민소통, 모든 수익은 지역에게'이다. 지역 생산물로 상점을 채우고 1700여 명의 지역민들이 일을 한다. 바다로 떠밀려온 나뭇조각 하나 버리지 않고 교육 및 건축 자재로 재활용했다. 식물에게 줄 4300만갤런의 물은 대부분 빗물을 이용했다. 지금도 전체 물 사용량의 43%가 빗물이다. 교육을 중시하며 지구상의 모든 식물의 씨앗과 열매를 보존하겠다는 것이 에덴의 미래 비전이다.

다음으로 '0원 마케팅'으로 돌파구를 찾은 스위스 작은 마을이 있다. 인구라야 87명의 아주 작은 오버무텐(Obermutten)마을에 무려 20개국 나라의 이웃주민이 생겼다. 바로 페이스북을 통한 지역홍보가 일궈낸 성과다. 이벤트를 시작한 것이 2011년 9월 27일, 1년 남짓 한 동안 수도 베른 보다 더 많은 45,000명의 페이스북 '팬'을 확보하였다. 오버무텐 마을의 관계마케팅은 페이스북 팬을 명예주민으로 선포해 페이스북 팬이라는 약한 유대 관계를 명예 주민이라는 강한 유대 관계로 바꿔놓았다.

우리나라 최초의 마을기업은 전남 순천시 장천동 마을이다. 현재 장천동 주민자치위원회의 경우 자연세제 판매사업인 '녹색실버가게'를 마을기업으로 운영하고 있다. 주민자치위원회에서는 본래 그 지역현안인 음식물쓰레기문제를 해결하기 위해 쓰레기수거방식에 대한 해결방안을 주민들이 직접 찾는 과정에서 관내 각 가정과 식당, 공공시설 등에 EM(effective microorganism: 유용미생물군)보급을 확산하여 문제를 해결하고 있다. 또한 수익구조 확보를 위해 홍보와 교육을 위해 무상제공했던 EM활성화액을 관내식당가와 가정에 판매하는 한편 이 사업을 통해 가정용 세제 줄이기, 음식물쓰레기 절감 운동에도 기여하고 있다.

모든 혁신은 꿈을 꾸고 이를 행동에 옮기는 결심에서 시작된다. 혁신의 모델이 된 영국의 작은 마을 헤이와 에덴, '0원 마케팅'으로 돌파구를 찾은 스위스 작은 마을'오버무텐(Obermutten)', 이들 모두 '괴짜'라는 소리를 듣는 마을 혁신가와 이들에게 협력한 주민들이 창조해낸 것이다.

여기서 우리도 대한민국 농산어촌마을의 가능성을 엿볼 수 있다. 이를 위해서는 창의적인 아이디어와 주민들의 협력으로 마을혁신사업을 성공적으로 이끌어내야 하는 이유가 있다.

[10] 빗물 경제학

여름이 깊어지면서 빗줄기가 거세지고 있다. 우리나라 연평균 강수량은 1,245mm로 다른 나라에 비해 높은 강수량을 가지고 있다. 그러나 세상은 동전의 양면. 한쪽은 수해로 아수라장인 반면 기도섬 같은 도서지역은 먹을 물조차 없다. 빗물의 편중, 넘침과 부족의 극단화다.

빙설이 거의 없는 우리의 경우, 수자원의 원천은 연평균 1,276억톤에 이르는 빗물뿐이다. 이중 545억톤은 증발돼 사라지고 731억톤이 땅으로 흘러간다. 그중에서도 400억톤은 바다로 바로 흘러가버리고, 331억톤의 물만이 댐, 하천, 지하로 흘러가 이용된다.

　결국 빗물의 26%만을 쓰고 있는 셈이다. 그러나 이 25%의 물도 결국은 바다로 흘러든다. 다만 육지에서 체류하는 동안 사람들에 의해 이용될 뿐이다. 따라서 물 순환의 측면에서 빗물이 육지에 머무는 시간이 얼마냐가 중요하다. 빗물이 바로 강이나 바다로 흘러들어 물은 줄고 강이나 바다 수위는 높아진다.

　빗물은 분명 소중한 자원이다. 우선 빗물은 식물을 키우는데 가장 좋은 활용처이다. 대부분 옥상이나 집안에 작은 정원이나 화분을 한 두 개씩은 기르는데 실내화분, 정원, 농장 등 빗물은 녹색식물을 가르는데 탁월한 효과를 가지고 있다.

　수돗물은 정화를 시킨 물이라 식물에게는 앙꼬 없는 찐빵을 먹이는 셈이다. 반면 빗물은 창가에 용기만 놔두면 일일이 받을 필요 없이 자연스럽게 모아지고 무료로 사용할 수 있다. 기도섬의 경우, 빗물정화탱크를 설치하여 음용수로 사용하고 있다. 아울러 빗물에는 여러 가지 미네랄이 첨가되어있다. 천둥 번개가 치면 공중에서는 공기 중의 유리질소가 물과 결합하여 질소 화합물이 되어 식물에게 질소 비료가 되는 빗물에 녹아내린다. 가끔 수돗물을 주었을 때 보다 비를 맞았을 때 식물이 더 훌쩍 크는 것을 볼 수 있는데, 빗물에는 식물에게 좋은 성분이 많이 있기 때문이다.

　중동지역은 '물'이 '기름'보다 훨씬 귀하고 비싸다. 사실 우리도 마찬가지 경우다. 유엔은 한국을 '물 부족 국가'로 분류하고 있다. 강수량은 적지 않으나 활용률이 낮다. 물 사용량은 큰 폭으로 늘어나는 반면 각종 개발로 국토의 담수능력은 급속히 줄어드는 것이 원인이다. 한 해에 320억 톤의 빗물이 하수로 흘러가 무려 30조원이 버려지고 있다.

　독일은 국민에게 빗물처리부담금을 거둔다. 도심 홍수를 유발하므로 원인 제공자 부담 원칙에 따라 자기 집과 건물에 떨어지는 빗물 처리에 대한 비용을 물리는 것이다.

　런던에서 버스로 4~5시간 걸리는 '에덴'이란 작은 마을이 있다. 고령토 광산이었던 잉글랜드 남서부 콘월지역의 에덴은 세계 최대의 온실로 탈바꿈했다. 5000여종 100만 식물이 재배되는데 2001년 3월 개장 이래 연간 125만명이 찾고 있다. 이 마을은 바다로 떠밀려온 나뭇조각 하나 버리지 않고 교육 및 건축 자재로 재활용한다. 식물에게 줄 4300만갤런의 물은 대부분 빗물을 사용한다. 지금도 전체 물 사용량의 43%가 빗물이다.

　서울 관악구의 한 어린이집. 이곳 아이들에게 빗물은 특별한 존재다. 아이들이 비를 좋아하게 된 이유는 빗물 저금통 때문이다. 어린이집 한 켠에 설치된 빗물 저금통은 비 올 때마다 빗물을 모아뒀다가 텃밭에 물을 주거나, 손을 씻고, 각종 놀이에 사용한다. 빗물을 이용해 일군 텃밭에는 호박, 고추, 토마토가 열매를 열었다. 빗물의 중요성을 알게 된 소중한 결실이다.

한쪽에선 빗물 이용시설 설치의 경제성이 낮다는 연구결과를 내놓고 있다. 하지만 이는 빗물 이용시설의 사적 편익만 고려됐을 뿐 공적 편익이 완전 배제되었다는 지적이 제기되고 있다.

빗물관리는 모든 수자원의 근원이다. 아울러 수많은 소규모 댐을 건설하는 것과 같은 경제적 효과를 거둘 수 있다. 그 옛날 1778년 정조대왕은 즉위 후 가장먼저 빗물관리를 법제화한 '제언절목'이란 제도를 만들었다. 최악의 기후 지형조건에서 고통을 겪은 후 터득한 지혜를 모은 한국식 빗물관리의 원조다. 우리는 여기서 새로운 교훈을 얻을 수 있다.

[11] '0'원 경제학

장미 아가씨, 벚꽃 아가씨, 매화 아가씨 등 다양한 아가씨들이 발 벗고 나서서 지역의 홍보대사가 되어 열심히 자기 고장을 알리려고 노력한다. 하지만 이런 미인계가 아직도 잘 통하는지 의문스럽다. 그렇다고 더 이상 무슨 무슨 아가씨 선발대회가 소비자들에게 전적으로 통하지 않는다는 것은 아니다. 소셜미디어를 잘 이용하면 이벤트를 통해 광고를 하는 것보다 비용도 절감할 수 있고 효과도 더 크다는 점에 착안하여 현재 마케터들이 절대 간과해서는 안 될 부분이라는 것을 더 강조하고 싶어서이다.

미인계 마케팅 차원을 넘어 '0원 마케팅'으로 새로운 돌파구를 찾은 스위스 작은 마을이 있다. 인구라야 87명의 아주 작은 오버무텐(Obermutten)마을에 무려 20개국 나라의 이웃주민이 생겼다. 바로 페이스북을 통한 지역홍보가 일궈낸 성과다. 지인 중에는 이 마을의 초청을 받아 신혼여행을 다녀 온 사람도 있다. 물론 '명예주민권' 액자는 물론 마을 사람들의 서비스는 덤으로 받았다고 한다. 오버무텐의 사례는 소셜미디어가 '퍼뜨리는'역할을 한다는 장점을 이용해 거기에 걸 맞는 아이디어로 사람들과 쌍방향으로 효과적으로 소통했다는 특징을 갖는다.

사실 스위스는 가깝고도 먼 나라이다. 자연 경관이 아름답고 녹색환경이 탁월하다는 점은 익히 들어서 알고 있어 나라 이름은 많은 사람들에게 친숙하다. 하지만 아직까지 그 곳을 자주 방문하기는 물리적인 거리 때문에 쉽지 않은 것이 사실이다. 이에 오버무텐의 페이스북 페이지는, 전 세계에 있는 네티즌들에게 '스위스 인'이 될 수 있는 자격을 부여함으로써 스위스라는 나라를 더욱 친근하게 만들어 주었다.

오버무텐(Obermutten)은 이름도 알려지지 않은 작은 마을이었다. 지금은 세계적인 스타마을이 되었다. 비결은 소셜미디어로 세상과 소통을 시작한데 있다. 마을의 특성을 살려 관광객 유치를 고민하던 마을 사람들은 좋은 방법이 없을까 생각하다 마을 대표의 제안으로 페이스북 캠페인 진행을 시작했다. 지난 2011년 9월 12일 마을 공식 페이스북을 개설하고, 이곳에 '좋아요'를 눌러준 '팬'들에게 명예 시민권을 부여하는 이벤트였다. 마을의 명예시민이 된 사람들을 유튜브 동영상을 통해 '명예주민'으로 선포하고 그들의 사진을 프린트해 마을 곳곳에 붙였다. 이 작은 캠페인은 금세 퍼져나가 세계 각국의 '팬'들을 불러들였다. 사람들은 비행기로 13시간 40분이 걸리는 스위스의 산골마을 외양간에 올려 진 자신의 사진에 환호했고, 이 덕분에 관광객이 250%나 증가했다고 한다. 게다가 17,000번째 명예시민은 한국 사람이라고 한다. 이런 모든 것을 페이스북을 통해 사진과 동영상으로 확인할 수 있으니 이 마을에 빠져들 수밖에 없다.

이벤트를 시작한 것이 2011년 9월 27일, 1년 남짓 한 동안 수도 베른 보다 더 많은 45,000명의 페이스북 '팬'을 확보하였다. 오버무텐 마을의 관계마케팅은 페이스북 팬을 명예주민으로 선포해 페이스북 팬이라는 약한 유대 관계를 명예 주민이라는 강한 유대 관계로 바꿔놓았다. 이러한 접근 방식은 100명도 채 되지 않는 인구를 가진 오버무텐 마을에 유용한 방식이다. 우리 농촌 마을처럼 단기적인 이벤트로 반짝 관심을 끌기보다는 마을에 관해 지속적으로 관심을 둘 일종의 홍보대사들을 만드는 쪽을 선택한 것이다.

세계적 명소가 된 오버무텐은 작년 10월에 마을에 박물관이 생겼다. 오버무텐 국제우정박물관(Obermutten International Museum of Friendship, OIMOF)이다. 페이스북으로 친구가 된 사람들이 보내온 선물과 거기 담긴 이야기가 박물관의 주인공이다. 또 명예시민이 되는 모든 사람들은 초창기에는 외양간에 걸어졌던 사진이 이제는 오버무텐 내의 국제 우정 박물관에 있는 공식 게시판에 사진이 걸리게 되는 기쁨도 맛볼 수 있다.

이제는 소셜미디어가 세상을 바꾸고 있다. 원하든 원치 않든 소셜미디어의 힘은 어느 사이에 우리 일상 속에 깊숙이 들어와 있다. 오버무텐은 기업이 아닌 마을을 스타로 만들었다는 점이 흥미롭다. 마을 사람들이 87명 밖에 안되는데 그들은 소셜미디어를 이용해 마을을 홍보하고 파는데 성공했다. 그들의 신선함에 대단하다는 생각이 든다. 그들의 제안은 누가 들어도 매력적이다. 스위스에서 멀리 떨어진 내가 그 작고 예쁜 마을에 명예주민이 되기 위해서 해야 될 일이라고는 '좋아요'를 누르는 일 뿐이다. 작은 일이 서로 인과관계가 되어 나중에는 큰 일이 된다는 나비효과를 연상케 하는 대목이다. 간단하면서도 애착관계를 형성하기에 충분한 이 방법은 우리나라 농어촌 마을에서 적용시켜도 충분히 효과적일 것 같다. 가능하면 진정성이 뒷받침된다면 더 좋을 것이다.

[12] 컬러 경제학

여름 축제가 한창이다.

똑똑한 지역축제는 곧 지역의 경쟁력이다. 축제는 지역브랜드 가치는 물론 지역 특산물의 품격을 높이는데 일조하기 때문이다. 이는 모두 볼거리, 먹을거리와 관련이 있다. 그러다 보니 요즘처럼 눈으로 먹는 볼거리 축제를 강조한 때도 없었던 것 같다. 특히 식탁위에서 컬러 파괴 현상이 활발하게 진행되면서, 우리는 입으로가 아닌 눈으로 먹는 시대에 살고 있다. 특정 음식에 따라 자연스럽게 연상되는 색상이 이제는 선입견에 불과하다. 개성을 중시하는 소비자들의 입맛을 사로잡기 위해 각종 음식에 색다른 컬러들을 접목시켜 시각적으로 호기심과 관심을 불러일으킨다. 결국 먹고 마시는 것도 예쁘고 튀어야 소비자에게 어필할 수 있다는 결론이 성립된다.

이에 부응한 눈으로 먹는 명품 축제들이 있다. 세계적인 축제로 독일 뮌헨 맥주축제, 브라질 리우축제, 스페인 토마토축제, 일본 삿포르 눈축제가 가장 대표적인 사례다.

스페인 토마토축제는 1944년 토마토 값 폭락에 분노한 농부들이 시의원들에게 분풀이로 토마토를 던진 것에서 시작되었다. 이 시위로 시민들의 의사가 관철된 것을 기념하여 잘 익은 토마토를 서로 던지며 시민정신을 되새기는 것이 이 축제의 취지이자 유래이다. 토마토축제에는 어느 축제보다 서민적이고 향토적인 냄새가 물씬 풍기고 주민들의 참여 또한 뜨겁다.

삿포르 눈축제 역시 해마다 200만 명 이상의 관광객이 다녀갈 정도로 세계적으로 각광받는 명품축제이다. 겨울만 되면 눈이 많이 오는 작은 도시에서 어떻게 보면 눈이 골칫거리가 될 수도 있는 그리고 겨울의 혹한이라는 부정적 이미지를 오히려 눈축제로 승화시켜 성공한 사례로 평가받고 있다.

그렇다면 과연 세계 명품축제의 공통된 성공요인은 무엇일까? 모두가 독특하고 차별화된 소재를 가지고 테마별로 지역특성과 조화를 이루었다는 특징과 그 중심에 눈으로 먹는 축제의 특성 때문에 많은 사람들이 몰려들었다는 점이다.

하지만 우리의 경우 일부 지역축제를 제외하고는 대부분 먹고 마시는 축제다. 전문적이며 차별화된 눈으로 먹는 축제가 없다는 것이 가장 큰 맹점이다. 우리의 마을 잔치식 축제의 경쟁력을 높이고 세계적 명품축제로 거듭나기 위해서는 이런 컬러축제를 교훈으로 삼아야 한다.

그런 의미에서 눈으로 먹는 축제가 중요하다. 다양한 색깔로 다가서자는 이야기다. 무지개 색으로 축제식단을 꾸미자는 것, 과일·채소는 색깔마다 성격이 다르기 때문에 여러 가지 색깔을 섞어서 먹는 것이 영양학 상으로도 좋다.

따라서 새로운 컬러치즈를 찾아보자. 생쥐와 꼬마인간은 치즈를 찾아 헤메다 결국은 창고에 가득한 향내 나는 치즈를 발견한다. 그리고 한없이 만족하며 마냥 행복하게 치즈를 즐긴다. 그러나 어느 날 갑자기 치즈가 사라진다. 변화를 예측한 생쥐는 즉시 신발끈을 질끈 동여 메고 치즈를 찾아 나서고 결국은 새 창고에서 더 맛있는 치즈를 발견한다. 반면 꼬마인간은 누가 내 치즈를 옮겼을까 하면서 빨간 얼굴로 화만 내고 어찌할 바를 모른다. 그리고 치즈가 없어졌다는 사실 조차도 인정하지 않으려 한다. 애써 변화를 받아들이려고 하지 않는다. 이 스토리는 누가 내 치즈를 옮겼을까 중에서 인용한 내용이다. 이렇게 세상은 새롭게 변하고 있다. 마음에 들지 않으면 값을 청구하지 않는다는 이색적인 농산물 홈쇼핑은 시대의 변화를 잘 대변해 준다.

이제는 우리 축제도 칼라 치즈를 찾아나서야 한다. 먼저, 인기 영합적 포퓰리즘에서 탈피하여 비교우위의 색깔 있는 축제를 찾아 선택해야 한다. 둘째, 인근의 경쟁력 있는 관광자원 및 지역주민과의 연계를 통하여 색깔 있는 축제에 대한 인식을 확대하고 참여를 극대화하는 것이 중요하다. 셋째, 그 지방의 독특한 색깔을 만들어내고 자연과 역사를 하나로 묶어 색깔 스토리를 만들어내야 한다. 축제의 경쟁력, 이제 새로운 컬러경제학이 필요한때이다.

[13] 협동 경제학

코르니게라는 아카시아나무가 있다. 이 나무는 개미가 내부에 들어가 사는 특별한 조건을 통해서만 살아가는 소관목이다. 이 나무가 꽃을 피우기 위해서는 개미의 보살핌과 보호가 필요하다.

또 이 나무는 개미를 유인하려고 수년에 걸처 진짜 개미집으로 바꾸어 간다.모든 가지는 속이 비어 있고, 그 비어 있는 나무속에 오직 개미의 주거편리를 위한 거실과 룸이 갖추어져 있다. 그뿐이 아니다. 룸에는 일개미와 병정개미에게 먹잇감으로 만점인 하얀 진딧물이 서식한다.

그러니까 이 나무는자신의 몸 전부를 개미를 위한 주택과 숙식을 제공하는 셈이다.그 대신 개미는 코르니게를 지키기 위해 스스로의 의무를 다한다. 개미는 가지각색의 애벌레와 외부에서 침입하는 진디물, 민달팽이, 거미, 그리고 나무의 성장을 방해하는 나무좀 등을 퇴치해 준다.

또 나무에 기생하려는 덩굴식물을 아침마다 위턱으로 잘라내기도 하고, 마른 잎을 자르고, 이끼를 긁어내며, 소독효과가 있는 자신의 침을 이용하여 나무가 병들지 않도록 보살핀다. 그러면서도 하얀 진딧물만은 공격하지 않는다. 하얀 진딧물은 코르니게라는 나무에 별로 해를 입히지 않으면서 많은 분비물을 내는데, 이 분비꿀은 개미들을 먹여 살리는 필수 양식이기 때문이다.

이를 통해 개미와 진디물은 더할 나위 없이 좋은 나라에서 상생하며 살아간다. 개미 덕택에 코르니게라는 다른 나무들의 그늘을 빨리 벗어나 그 나무들을 굽어보면서 직접 햇빛을 받아들일 수 있게 된다. 이런 협동을 통해 식물과 동물의 상생은 이어진다. 드물긴 하지만 우리는 식물과 동물사이에 그렇게 상생이 이루어지는 것을 발견할 수 있다. 한곳에 붙박여 사는 식물이 어떻게 지극히 동적인 동물의 세계에서 자기 문제의 해결책을 찾아낼 수 있었을까, 개미를 공생의 파트너로 삼은 코르니게라는 그야말로 장수의 비결을 할고 있는 셈이다.

2004년 6월 이후 국내외에 반향을 불러일으킨 1사1촌운동은 이미 범국민운동으로 자리 잡았다. 농협에 따르면 최근 1사1촌 결연 실적이 9515건, 연 교류인원은

200만명에 이른다. 현재 기업들만 3,974개가 참여하고 있을 만큼 교류 활성화지수도 높고, 결연에는 학생이 주축인 1교(校)1촌 사례 853건도 들어 있다. 이밖에 중앙과 지방정부, 소비자단체, 사회종교단체 등도 한마음으로 동참하고 있다.

작년도 교류금액만 해도 800억원에 달한다. 1사1촌운동은 별다른 대안이 없던 농촌 문제를 '도농 상생(相生)'이라는 슬로건으로 접근해 도농교류의 한국형 모델로 자리 잡았다.

굳이 '도농상생'이라는 거창한 구호를 외치지 않아 도 도시와 농촌은 서로 다른 둘이 아니라 함께 껴안고 가야 할 하나임을 잘 알고 있다. 1사1촌 운동을 통해 도시와 농촌, 기업과 마을이 함께 하려는 노력이 줄을 잇고, 도시와 농촌이 함께 살아가는 터전임을 깨닫는다면 어려움은 반드시 극복할 수 있다.

서로 다른 두 생물이 서로에게 이익이 되거나 또는 특별한 피해를 주고 받지 않는 상태에서 접촉하며 같이 살아가는 방식을 공생 또는 상생이라고 한다. 그러나 이에 반해 한쪽에게는 이익이 되지만 다른 한쪽은 피해를 보는 경우를 기생이라고 한다. 그런 의미에서 나무 한그루와 많은 개미들의 1사 다촌의 협동관계는 우리에게 시사하는 바가 크다.

동식물이 서로 공존하며 사는 방법에도 질서와 양심이 있고, 반대로 그 질서와 양심을 깨뜨리는 파괴적인 생태계도 본다. 하물며 사람이 사는 사회야 더 말할 나위가 없다. 그런 의미에서 나무와 개미들의 협동경제학은 그들의 상생관계를 통해 참다운 인간의 삶에 대한 본질을 깨우쳐 주고 있다.

근래 1사1촌운동이 시들하고 있다. 농촌이 뿌리라면 도시는 꽃으로, 뿌리가 마르면 꽃은 시들 수밖에 없다. 이제는 공동체 유지활동의 모범인 1사1촌운동을 1사다촌운동으로 확대시켜야 한다. 단순한 립서비스가 아닌 구체적인 협동경제학이 담긴 운동으로 말이다.

[14] 힐링 경제학

킬링 타임(killing time)은 불합리적인 방법으로 시간을 죽이는 것을 말한다. 반면, 힐링 타임(healing time)은 그와 반대다. '○○치료'가 그것이다.

음악치료, 미술치료, 독서치료, 춤치료, 흙치료 등등…. 일시적으로 불다 말 바람

정도로 생각했다. 그러다 최근 음악치료와 관련된 학과가 생기면서 치료 바람은 더 거세졌다.

이런 흐름을 한마디로 정리하면 바로 '힐링'이다. 지난해 화제의 키워드 '멘붕'를 딛고 일어서기 위함인가.

TV에선 '힐링 캠프'가 새로운 예능 트렌드로 자리 잡았다. 가요계에선 '힐링이 필요해'등 따뜻한 음악이 사랑받았다. 베스트셀러 1위도 힐링해주는 책, 혜민 스님의 '멈추면, 비로소 보이는 것들'이었다. '풀려라 5천만, 풀려라 피로' 등 광고카피도 힐링 열풍을 확인시켰다.

복잡한 세상 속에 사는 사람들이 삶에 대한 갈피를 못 잡고, 몸과 마음이 지쳐가고 있다. 그런 사람들이 힘든 자기의 몸과 마음을 위로 받고 싶어서 이곳 저곳에서 '힐링'을 외친다.

이렇게 힐링이 뜨는 건 정신적으로 치료받고 싶은 이들이 많다는 뜻이다. 행복지수가 바닥권인 요즘, 정치권도 행복을 말하고 사업장들도 행복을 말한다. 하지만 행복은 좀처럼 잡히지 않는다.

봉급쟁이는 사장 눈치보고, 취업준비생은 엄마 눈치를 본다. 남편은 아내 눈치 보고, 아내는 옆집 눈치 본다.

힐링 캠프라는 프로만 봐도 대화를 통해 자신의 이야기를 하고 마음속에 담아뒀던 이야기를 함으로써 기분전환이 일어난다. 몇 시간의 대화만으로도 힐링이 일어날 수 있다. 이렇게 자신의 몸이 변화되고 감정이 치유 되는 것이 바로 힐링이다.

일본은 경제 침체기에 접어든 1990년대 후반부터 힐링(릴렉세이션:Relaxation)시장이 급속도로 팽창하기 시작해 현재 인구 5명 중 1명꼴로 힐링 서비스를 이용할 정도로 시장이 성숙했다.

자살률 1위, 저출산율 1위, 청소년 행복지수 4년 연속 꼴찌라는 우울한 대한민국에 힐링에너지를 보충할 수 있는 공간이 있다. 바로 농촌이다.

도시민의 피곤한 일상을 치유하는 농촌관광이나 미식 여행, 캠핑 등 농촌과 농업을 대상으로 한 힐링사업이 농업부분의 블루칩이 될 것이란 전망이다.

한 예로 힐링팜(healing Farm)을 들 수 있다. 올해 전남 광주에서 첫 선을 보이는 힐링팜은 기존의 쾌적한 농촌환경과 함께 우리의 건강과 행복을 추구하는 웰빙을 토대로 삶에 지치고 힘든 마음과 육체적 고통을 치유하자는 운동이다. 힐링팜은 두

가지 나눈다.

첫째는 체험형 계약재배 농장 운영이다. 토지를 분양받은 도시민이 계절별 농사체험을 하고 농업인은 농작물을 관리하여 수확 농산물을 도시민에게 배송해 주는 새로운 형태의 주말농장이다.

둘째는 향토·발효 음식마을 육성이다. 가족단위 지역 제철 향토음식을 맛보고 구입하는 맛 기행이 증가하고 있는 추세를 반영하여, 향토·발효음식 마을 체험방문을 통한 우리 농산물 직거래를 하는 사업이다.

'피로사회'는 한국의 자본주의 속도가 너무 빨라서 생기는 문제다. 그래서 사람들의 피로감이 크다. 사회를 치료해야 하는데 그것은 시간이 많이 걸려서 개인 스스로 나서야 한다. 달콤한 힐링이 아니라 지금까지의 잘못된 시간에 대한 킬링(killing)이 필요한때이다.

'킬링과 힐링'이 교차되는 순간, 생각이 농촌으로 달려간다. 꿈에 본 내 고향, 고향열차, 고향이 좋아, 고향아줌마, 타향살이, 고향무정 등 고향을 소재로 한 그리운 대중가요들이 갑자기 주마등처럼 떠오른다.

낯설고 서러운 땅이 되어가는 내 농촌에 주말만이라도 사람들의 시끌벅적한소리가 들리게 하자. 밤이면 막걸리에 취해 동구 밖에서 고성방가를 해댄들 내 고향 농촌의 적막함보다 낫지 않은가.

[15] 생명 경제학

생명, 즉 '살아있다는 것'은 무엇인가? 생물학적으로 말하자면 생명의 특성은 스스로 자기 자신과 자기 종족을 유지할 수 있다는데 있다. 자기 자신을 유지하는 것을 개체 유지 기능이라고 하는 데 이것은 에너지를 받아들여 이용하는 것(물질대사), 단순한 세포가 복잡하게 발전하는 것, 자라나는 것(생장), 외부의 자극에 대한 반응, 몸의 상태를 일정하게 유지하는 것(항상성)등을 말한다. 그리고 자기 종족을 유지하는 기능에는 생식, 유전, 적응, 진화 등이 포함된다.

이러한 생명의 여러 가지 기능 중 물질대사는 농업과 밀접하게 연결되어 있다. 우리 인간의 물질대사는 농업을 통하여 생산한 식량을 생산할 수 없다면 인간이라는 생명체는 물질대사를 할 수 없게 되어 자기 자신을 유지할 수 없게 되고 따라서 지구상에서 사라지게 될 것이다.

이와 같이 식량은 인간의 존재를 가능케 하는 물질이므로 식량은 지구상에서 가장 가치 있는 것 중의 하나이고, 식량을 생산하는 농업은 인간에게 가장 소중한 산업임에 틀림없다.

인류가 농업이라는 안정적인 식량조달방법을 터득한 것은 불과 1만년 전 이다. 농업의 발생 이래 인류는 농업을 발전시키는데 전력을 기울여 왔지만, 안정적으로 풍부한 식량을 얻게 된 것은 불과 100년 전의 일이다. 과거 100년 동안 인류는 농업생산을 비약적으로 증가시켜 일부 선진국은 역사상 처음으로 식량 걱정이 없는 '풍요한 사회'를 이룩하였다.

지난 반세기 동안의 세계 역사는 세계화, 자유무역, 경제발전이라는 이름으로 가진 자의 끝없는 탐욕을 채우는데 몰입했던 기간이었다. 가까운 미래에 세계적인 지각 변동을 일으킬 키워드는 식량이며, 식량전쟁은 오래전부터 준비되어 왔고 현재 진행 중이다.

지구상에는 전 인류가 충분히 먹고도 남을 만큼의 식량이 있다고 한다. 하지만 매일 25만명 이상의 사람들이 먹을 것이 없어 고통스럽게 죽어가고 있다. 유엔 식량농업기구(FAO)가 지난해 10월에 펴낸 보고서에 따르면 "2010~2012년 지구촌에서 만성적으로 굶주림에 시달리는 인구는 전체의 12.5%가량인 약 8억7천만 명에 이른다. 인류 8명 가운데 1명이 배고픔에 허덕이고 있는 셈이다.

식량은 충분한데 왜 기아가 생길까? 그건 여러 이유가 있지만 그 중에서도 '분배'가 제대로 되지 않는 것이 큰 문제이다. 즉, 식량이 적절한 곳에 적당량 가지 않기 때문에 생기는 문제라는 것이다. 예컨대 세계적으로 39개국이 외부의 식량 원조를 필요로 하며, 그들 대부분이 가뭄과 만성적인 식량 부족을 겪고 있는 남동부 아프리카 국가들이다. 또한 전쟁으로 인해 의도적으로 적장의 식량 보급을 끊어 승리하려는 곳도 있고 지독한 독재정치 하에서 사람들을 통치하기 위해 기아를 이용하기도 하며, 심각한 빈부격차 때문에 발생하기도 한다.

따라서 앞으로 식량이 무기가 될 수 있다. 동서고금을 막론하고 세계적 지도자들이 한결같이 식량과 농업의 중요성을 강조하는 이유도 여기에 있다. 농업 문제는 미래에도 중요한 이슈가 될 것"이라며 "빌 게이츠도 '앞으로는 농업혁명'이라고 강조한 것이다. 식량 같은 구체적인 재화에 대한 욕구는 유한하나 화폐와 같은 추상적인 재화에 대한 욕구는 무한할 수밖에 없다. 이러한 추상적인 것에 대한 욕구는 이미 삶을 위한 것, 경제적인 것을 넘어서는 것이며, 일종의 권력에의 욕구로서 사회적, 문화적, 정치적인 것이라고 할 수 있다.

이처럼 생각해본다면 농업의 가치를 높이기 위해서는 인간의 생물학적 요구를 충족시키는 것, 즉 식량을 생산하는 것에서 한발 더 나아가서 인간의 사회적, 문화적, 정치적 욕구를 만족시키는 것들도 생산하여야 한다는 것을 알 수 있다.

[16] 잡초 경제학

경제학은 두 얼굴을 가졌다. 왜냐면 경제학의 모든 것은 결국 선과 악의 문제이기 때문이다. 잡초를 보자. 잡초는 먹지도 못하는데 잘 번지기만 하는 풀이라고 미움받기 일수다. 농사는 잡초와의 싸움이라고 할 만큼 잡초제거는 한 해 농사의 중요한 몫을 차지한다.

농촌에선 해마다 여름철이면 이런 잡초와의 전쟁이 필수다. 잡초는 농작물의 성장에 필요한 양분과 수분을 빼앗을 뿐만 아니라, 빛과 통풍을 차해 농작물의 성장을 저해하고, 심지어는 병충해를 일으키는 장본인이기도 하다. 설상가상으로 슈퍼잡초란 게 생겼다. 슈퍼잡초는 항생제가 듣지 않는 슈퍼박테리처럼 생겼고, 논 면적의 25% 정도라고 한다. 이렇듯 넓은 면적의 논이 악성이란 건 큰 문제다. 슈퍼잡초가 무서운 건 수확량에 직접 영향을 미치기 때문이다. 이런 잡초를 방제하지 못하면 직파 재배 벼의 경우 수확량이 무려 70%, 모내기한 벼는 44%까지 감소한다는 주장도 있다.

슈퍼잡초는 형태상으로 전혀 구별이 안 돼 농업인들이 제초에 골머리를 앓고 있다. 제초제 저항성 잡초의 발생은 특정 성분 제초제를 장기간 사용한 데 따른 반대급부다. 농민들이 특정성분을 함유한 제초제를 같은 논에 오랫동안 살포하다 보니 잡초에 내성이 생긴 것이다. 게다가 잡초는 아무리 척박한 황무지라도 잘 자란다. 뽑은 뒤 얼마 되지 않아 단물을 먹은 듯 쑥쑥 자라난다. 그렇다고 잡초를 그냥 놓아둘 수는 없다. 뽑지 않으면 어느새 잡초밭이 되기 때문이다. 오죽했으면 '잡초 같은 인간'이란 말이 생겼을까.

반면 어떤 잡초가 특별한 약효가 있다는 연구발표가 있으면 그 잡초는 귀한 명초가 되고, 때론 구하기 힘든 품종이 되며, 나중엔 구할 수 없는 절품이 된다. 더불어 잡초는 본래의 의무를 다한다. 폭우 때는 토양유실을 막아주고, 건조할 때는 풍해를 완화시킨다. 단단한 흙은 잡초뿌리가 흙속을 파고들어 부드러운 토양으로 일구어 낸다. 뽑아낸 잡초는 농작물의 부족한 수분을 보충해 주기도 하고 죽은 잡초는 썩어서 퇴비가 되기도 한다. 잡초는 이렇게 선과 악의 두 얼굴을 가졌다. 그저 잡초라고 전부가 해롭다고 단언할 수는 없다. 발에 채이고, 제초재로 사라져가는 잡초가 미래의 귀중한 약제로, 식용으로의 높은 가치가 있는 경제재로 등장할지 그 누구도 모르는 일이다. 이처럼 전체 식물사회에서 보면 '쓸모없는 풀'은 없다. 모두들 꽃을 피우고 열매를 맺어 아름다운 자연을 구성하고, 산소를 내뿜어 공기를 맑게 하며, 다른 동식물들에게 도움을 주고 받으며 살아간다. 결국, 잡초는 농작물의 생육을 방해하거나 망치는 역기능도 있지만 인간과 자연에 이로운 순기능도 있다는 얘기다.

요즘은 농사지을 때도 잡초를 함부로 뽑지 않는 사람들도 늘어나고 있다. 그 또한 농작물만큼 귀한 생명이며 우리 삶을 떠받치는 생태계 일원임을 잊지 않기 때문이다. 비닐 없이 농사를 짓지 못한다는 농민들에게 그는 경작 면적을 줄이고 비닐 대신 '잡초 멀칭'을 하도록 권한다. 석유에서 나온 비닐에 숨이 막힌 땅의 본성을 회복하고 작물과 사이좋게 자라도록 최소한의 조처만 해두면 잡초는 땅을 비옥하게 만들고 작물 뿌리는 더 깊은 곳으로 파고들어 흙 속의 영양성분을 한층 풍부히 받아들인다는 것이다.

두 얼굴의 잡초는 위협과 기회의 양면성이 존재한다. 향후 '잡초의 피해와 이용'이라는 두 마리 토끼를 잡기 위해서는 먼저 잡초를 경제활동에 방해가 되는 나쁜 풀로만 보지 말고 세계 유수의 제약회사들처럼 미개발된 식물자원으로 인식하는 자세가 필요하다. 잡초의 위해성과 기능성을 함께 고려하는 경제학적 연구가 이루어져야 하며, 특히 우리 땅에서 수천년간 자생물로 활용했던 전통지식을 발굴하고 활용할 필요가 있다. 이뿐만 아니라 우리나라의 지역마다 잡초의 분포와 부르는 이름이 다른 점을 활용, 스토리텔링과 연계한 문화산업 소재로의 개발도 고려되어야 한다.

[17] 설날 경제학

국도로 갈 까요♬♪, 고속으로 갈 까요♪♬, 차라리 버스타고 갈 까요♬♪♬…' 서리 낀 고향 길을 생각하면서 자작노래를 불러본다. 생각이 고향으로 달려가는 이 순간, 꿈에 본 내 고향, 고향열차, 고향이 좋아, 고향아줌마, 타향살이, 고향무정 등 고향을 소재로 한 그리운 대중가요들이 갑자기 주마등처럼 스쳐간다.

귀성객을 환영할 차비를 서두르고 있는 어촌의 갈매기 풍경이 눈에 선하다.

매년 산자락 넘어가는 귀향열차 속에 비친 산촌은 일찌감치 앵초가 마중나온 듯하고, 섬을 낀 어촌에선 귀성객을 맞이할 차비를 서두르고 있는 갈매기의 풍경들이 눈에 선하기만 하다. 이쯤 되면 누구나 정겨운 고향노래를 흥얼거리지 않을 수 없다.

설은 새해의 첫 시작이다. '설'은 묵은 해를 정리하여 떨쳐버리고 새로운 계획과 다짐으로 새 출발을 하는 첫 날이다. 이'설'은 순수 우리말로 그 말의 뜻에 대한 해석은 구구하다. 그 중 하나가 '서럽다'는 '설'이다. 선조 때 학자 이수광이 '여지승람'이란 문헌에 설날이 '달도일'로 표기했는데, '달은 슬프고 애달파 한다는 뜻이요, '도'는 칼로 마음을 자르듯이 마음이 아프고 근심에 차 있다는 뜻이다.

'서러워서 설, 추워서 추석'이라는 속담도 있듯이 추위와 가난 속에서 맞는 명절이라서 서러운지, 차례를 지내면서 돌아가신 부모님 생각이 간절하여 그렇게 서러웠는지는 모르겠다.

또 설에 대한 가장 설득력 있는 견해는 '설다, 낯설다' 의 '설'이라는 어근에서 나왔다는 설(說)이다. 처음 가보는 곳, 처음 만나는 사람은 낯선 곳이며 낯선 사람이다. 따라서 설은 새해라는 정신·문화적 시간의 충격이 강하여서 '설다'의 의미로, 낯'설은 날로 생각되었고, '설은 날'이 '설날'로 정착되었다.

까치 까치 설날은 어저께고요, 우리 우리 설날은 오늘이에요. 이번 설날에는 고향집을 찾아 농어촌의 적막함을 아이들 웃음소리가 들리게 하자. 이런 설날이 눈앞에 다가왔다. 요즘은 고속열차, 비행기, 고속버스, 승용차 등을 이용하여 내 고향 모든 지역이 일일 생활권이 되다보니, 고향을 그리워하는 노래가 점점 자취를 감추고 있는 형편이다. 이를 테면 공간적 개념의 고향에 대한 그리움은 퇴색되었고, 변해버린 고향에 대한 인생무상함(시간적 개념의 고향)을 느끼는 공허함이 오늘의 내 고향 농촌을 대신하고 있다.

더구나 농촌의 정겨움을 대표했던 농주도 사라지고 있다. 해마다 설날이 되면 내 고향 양조장은 막걸리를 배달하는 사람들로 북새통을 이루었었다.

막걸리 심부름을 갔다 오던 아이들은 으레 주전자를 들고 마을 모퉁이를 돌기 전에 멈춰서서 주전자 주둥이를 입가에 걸치고 캑캑거리며 들어 마시곤 했다.

이렇게 골목길에서 막걸리를 배운 아이들은 어느덧 장성하여 경제개발과 함께 공장으로 건설현장으로 수출전선으로 나갔다. 이들은 밤낮을 삽질하고, 나사를 조였다. 빌딩도 고속도로도 빨리빨리 조기 완공하려면 느긋하게 술마실 틈이 없었다. 이 때 등장한 것이 소주다.

먹고 살만하면 민주화 욕구가 커진다고 했던가. 이제는 전통주에서 양주에 이르기까지 저마다 입맛에 따라 골라 마실 수 있는 술맛의 개성시대가 열리고 있다. 취하기 위해 마시던 폭주에서 즐기기 위한 애주로 음주 문화가 숙성되었다. 또 술을 사양할 수 있는 확실한 보증수표로 자가용이 등장하면서 다들 건강을 챙기기 시작했다.

웰빙시대에 접어들면서 막걸리가 다시 인기다. 필자도 막걸리 마니아 중의 한 사람이다. 설날에 맛보게 될 고향 막걸리를 생각하면서, 컴퓨터 게임에 빠져있는 우리 애들에게 이번 설날은 시골에서 즐길 프로그램을 짜자고 재촉했다.

하지만 애들은 들은 척도 하지 않는다. 아빠의 고향보다는 놀이공원과 컴퓨터 게임에 더 관심이 있다. 고향을 찾지 않은 사람들이 많아질수록 '서러운 설, 낯 설은 설'이 될 것임은 분명하다. 그래서 내 고향이 낯설고 서럽기만 하다.

겨울방학이 한창이고, 3일 설 연휴가 기다리고 있다. 다시 내려가 살 수는 없다 해도 올 설 연휴는 놀이공원은 미루어 두고 고향집으로 갈 일이다. 낯설고 서러운 땅이 되어가는 내 고향에 며칠만이라도 아이들 웃음소리가 들리게 하자. 밤이면 막걸리에 취해 동구 밖에서 고성방가를 해댄들 내 고향 농산어촌의 적막함보다 낯지 않은가.

[18] 마을 경제학

근대사상을 싹틔운 르네상스의 본래 뜻은 '복원'이다. 이 말속에는 잃어버린 옛 문화를 오늘에 되살린다는 속뜻이 숨어 있다. 전통문화의 복원을 토대로 자연과 인간을 재발견하게 된 사건으로 정의하는 것이 옳을 듯싶다.

때맞춰 도농교류운동이 대폭 확산되고 있다. 이는 도시생활로 인해 빈사상태에 있는 자연과 인간 기능을 다시 복원해보자는 뜻에서 중세 유럽의 르네상스 의미와 일맥상통한다.

얼마전 TV에서 귀농 다큐멘터리 '살어리랏다'를 보았다. 상주시의 신개념 타운하우스'울타리 없는 녹동마을을 아시나요?'가 바로 그것이다.

상주시는 금년에 443가구 805명이 귀농·귀촌해 지난해보다 308가구 526명이 늘었다고한다. 상주시 전체가 슬로시티가 지정된 것이 아니라, 이안면 등 3개 도시가 슬로시티 핵심지역으로 지정되어 있다. 이중에서도 녹동마을은 울타리가 없다. 30여 가구가 모여 살면서 허름한 빈집들이 목조주택의 전원마을로 변했다. 담벼락을 허물고 조경석과 조경수로 장식한 마을길과 마을 입구의 백련단지는 생태공원으로 조성됐다. 특히 슬로시티를 연상케하는 달팽이 모양의 조형물이 마을 어귀 이정표를 장식하고 있다.

또한 마을이 인접해 있는 곳에는 분도요와 홍로요의 도예촌과 도자기 공방이 위치하고 있는데, 산쪽으로 올라가게 되면 상안사가 인접해있는 곳이기도 하다. 상안사는 676년에 창건된 조계종 산하의 전통사찰로 석불입상과 석불좌상 등의 불교 문화유산이 보존되어 있다.

귀농촌인 녹동귀농마을은 잘 정돈되어진 큰길과 길가 양쪽으로는 특색 있는 가옥들이 옹기종기 모여 있다. 아스팔트로 포장되어 있는 대로를 따라 걸어가게 되면 길 양쪽으로 세워진 가옥들이 방문객의 발걸음을 늦추게 한다. 집집마다 너른 마당에는 각양각색의 꽃들을 키우고 있었고, 길가에는 계절을 알리는 꽃들이 심어져 있다.

마을을 걷다보면 알프스 산자락에 위치한 농가를 방문한 듯한 착각에 빠진다. 아기자기함이 깃들어 있는 모습에 들고 있던 사진기의 셔터를 연신 눌러도 보게 된다. 어느 곳에 초첨을 맞추어도 작품사진이 나올 것만 같은 진풍경이다.

마당가에는 외부에서 전해지는 편지를 담아두는 우체통이 집집마다 위치하고 있는데, 빨간색 우체통이 사람들의 시선을 한참동한 집중시키기도 한다. 어디선가 숨어서 카메라를 돌리고 있는 것 같은 착각이 들만큼 예쁜 모습이다. 방문객들은 마치 영화속 주인공이 된 듯한 기분으로 한걸음 한걸음 발걸음을 옮기면서 모델 포즈를 연신 취해 본다.

녹동귀농마을의 한적한 마을도로를 따라 드라이브하게 되면 절대로 과속할 수는 없을 것이다. 어쩌면 느릿느릿 달팽이처럼 기어갈 만큼 저속으로 차를 몰게 될 듯해 보여 안정감마저 든다.

이렇게 자연의 짝꿍들이 모인 마을들을 '자원의 곳간으로 활용해보자. 마을은 우리 세대는 물론 후손들의 생존을 위한 담보물이다. 또한 마을은 농업인들만의 것이 아니라, 우리 국민 모두의 공적 자산이다.

과거에 농촌마을은 도시의 가치를 지향하며, 생활환경을 개선해왔지만, 그 환경이 산업사회의 먹이사슬 속에 농촌마을을 감금해 버렸다. 그리하여 도시는 자연과 인간의 기능을 거칠게 다룸으로써 성장해왔다고 해도 무리는 아니다.

현대로 들어와서 도시그룹은 농촌마을에 대해 각양각색의 처방상품을 요구하고 있다. 이에 농촌마을은 스스로 처방약을 마련하여야 한다. 그렇다면 무엇이 처방약인가. 바로 마을디자인이다.

앞으로 마을디자인은 농촌의 희망이자 자산이며, 신상품이기도 하다. 마을 주민 스스로 희소성의 가치를 살린 마을들의 상품에 대해 서둘러 개발해야 한다. 그러기 위해서는 자연과 식물을 예술로 승화시킬 수 있는 마을디자인의 설계가 무엇보다도 중요하다

[19] 로하스와 IT경제학

지금은 '웰빙'을 넘어 '로하스' 시대다. 로하스는 자신만의 건강은 물론 다른 사람의 건강까지 생각하는 이타적인 라이프스타일이다.

농산품 하나를 선택하더라도 친환경 농산물인지, 혹은 지속가능한 농법으로 생산된 농산품인지를 꼼꼼히 따지는 이른바 '사회적 웰빙'을 추구한다.

이들에게 있어 가격은 그다지 중요치 않다. 자신들의 가치에 맞는 상품이면, 조금 비싸더라도 기꺼이 선택한다. 건강을 고려한 농산품, 생태계 보호와 관련 있는 제품, 자연과 삶을 조화시키는 상품을 찾는다.

앞으로 농업은 단순히 먹거리 차원을 넘어 수자원 확보, 대기 정화 등 다양한 공익적 기능을 가진 산업이며 6T 첨단기술과 결합하면 막대한 부가가치를 창출할 것이다. 여기서 6T는 정보기술(IT), 생명공학기술(BT), 나노기술(NT), 문화산업기술(CT), 환경기술(ET), 우주항공기술(ST)등이다.

이런 맥락에서 최근 맞춤형 농산품들이 봇물처럼 쏟아지고 있다. 다행스런 일이 아닐 수 없다.

하지만 로하스 시대에 무엇보다 중요한 건, '더 편리하게'와 '더 투명하게'이다. '귀차니즘'이 몸에 배어 있는 미래고객들은 더 편리하고 간편하면서도, 더 투명한 농산

품을 요구할 것이다.

이를 예측이라도 하듯, 2012국제농업박람회가 지난달 29일 25일간의 대장정을 마치고 비즈니스박람회 모델을 제시하며 큰 수확을 안겼다.

실제로 24개국 420개 기관·기업이 참여해 농산물 구매약정 및 현장판매 1천880억 원, 관람객 115만 명 유치, 박람회 직접수입 26억 원 등을 기록했다.

해외의 경우 개막일 800만 달러 수출상담 약정을 시작으로 8일 500만 달러, 9일 972만 달러 등 총 2천272만 달러 상당을 수출하게 됐다. 해외바이어 45명은 친환경 기능성 소금과 해조류 가공제품에도 관심을 보였다.

국내에선 생태유아공동체 등과 도내 5개 생산업체 대표가 320억 원의 친환경농산물 구매약정을 체결했고 전국 농협 하나로클럽 전점에 납품할 수 있는 농협도매사업단과는 800억 원, 롯데마트·이마트 등 대형 유통업체와 466억 원의 구매약정으로 총 1천586억 원 규모를 고정 납품하게 됐다.

박람회 현장 농자재·농기계·농식품전시판매관에서는 420여 생산업체가 저렴하고 품질 좋은 농특산물을 전시·판매해 35억여 원의 판매고를 올렸다.

특히 일본은 휴대전화를 사용하여 농약살포와 수확 등 농작업의 내용을 기록하는 시스템을 개발하였다. 이를 이용해 신선식품 등의 품목은 24시간 이내에 생산이력을 조사할 수 있게 된다.

이는 농수성이 2005년부터 3년간 개발, 보급한 '유비쿼터스 먹을거리(食)안전·안심시스템'의 일환이다.

생산단계에서는 포장 및 작물, 농작업 등의 정보를 기록한 '코드'를 휴대전화로 읽어, 언제 어떠한 작업이 진행됐는지를 기록한다. 아울러 농약용기에 붙은 '코드'로 농약의 사용방법을 확인하거나, 사용방법의 잘못된 점을 지적하는 일도 가능하다.

유통단계에서는 포장상자 등에 붙인 전자꼬리표를 도매시장의 센서로 읽어, 입하·판매정보를 파악함으로써 전표처리 등의 부담도 줄어들게 된다. 이를 통해 시장 내 물류비용의 25%를 절감할 예정이다.

소비단계에서는 컴퓨터는 물론 휴대전화로도 생산·유통이력 외에 영양 및 식품알레르기, 유통기한 등의 정보도 입수할 수 있도록 한다는 것이다.

우리나라도 현재 진행되고 있는 '쇠고기이력 추적시스템사업'과 농축산물 생산이력제 확대정책에 일본의 '휴대전화 서비스'와 같은 '더 편리함'과 '더 투명성'이 고려돼야 할 것이다. 물론 생산이력제를 시행·유지하는 데는 만만치 않은 시간과 비용이 들어간다.

하지만 한국은 6T강국이다. 이번 기회에 디지털 IT강국의 자존심을 살려보자. 이것이 우리 농업을 살리는 길이다.

[20] 여행 경제학

최근 여행의 컨셉 중 공정여행이 떠오르고 있다.

공정여행 운동은 24년전 영국에서 시작됐다. 무분별한 관광지 개발로 환경파괴는 물론 원주민 공동체붕괴 등에 따른 문제해결대책이 필요하다는 인식에서 시작했다.

처음엔 유럽인들의 파괴적인 관광으로 인한 동남아와 아프리카의 고초를 알리는 데 초점을 맞췄다. 우리의 경우, 한국관광공사도 시범운영을 마치는 대로 공정여행 관련 관광상품을 적극 개발할 계획이라고 한다.

공정여행(Fair Travel)은 '공정하지 않은 여행'의 반대 여행으로 여행지의 삶과 문화, 자연을 존중하면서 여행자가 쓴 돈이 지역 사람들의 삶에 보탬이 되도록 돕는 여행이다.

여행자도 즐겁고, 지역공동체도 살리는 것이 핵심이다.

여행자들이 말하는 공정여행은 여행지에서 쓰는 비용이 현지인에게 돌아가도록 하는 것이다. 먹고 자고 즐기고 쇼핑하는 관광 위주의 여행은 소비적이고 자원낭비를 조장한다고 비판한다.

한마디로 둘러보기 식 여행을 벗어나 지역민과 직접 밀착해 함께 소통하고 향토의 문화를 즐기며 지역의 속살까지 체험하는 것이 이 여행의 취지다. 그래서 착한여행, 책임여행, 도덕여행, 에코여행 등으로도 불린다.

그러나 막상 내가 공정여행를 하려고 하면 현실은 불편한 진실이 된다.

물론 '불공정에 대한 분노', '공정에 대한 갈망' 의 확산 현상이라고 말할 수 있겠지만, 내 돈 주고 편하게 여행하면서 쉰다는데 경제가 어떻고 사회문제가 어떻고, 의식주 전반까지 신경을 쓴다는 게 어쩌면 구속으로 느껴질지도 모르기 때문이다. 하지만 그 보람과 효과를 생각한다면 또 다른 느낌으로 다가올 것이다.

그런 의미에서 아직까지 '공정 여행'이라는 말은 낯설다. '지속가능한 여행'이라고 불리기도 하지만, 무엇이 공정하고 지속가능하다는 것일까?

새롭게 떠오르는 여행지 마다 '마법의 섬', '지상의 마지막 낙원' 등의 수식어가 붙었다가 갑자기 사라지고 이내 또 다른 지역에 같은 수식어가 붙는 일이 반복되고 있다.

한 지역이 '파괴'되면 또 다른 지역을 개발한다. 그런 의미에서 '공정여행'은 '지속가능한 여행'을 뛰어넘는다.

무조건 값싼 여행이 아니라 제 값을 제대로 치르고 그 값이 지역민들에게 돌아가는 환경을 조성해보자는데 있다. 즉, 한 지역을 파괴하지 말고 보존해서 후손들에게 아름다운 지역을 영원히 넘겨주자는 말이다.

따라서 우리도 '문화관광' 시대에 어울리는 가치관과 여행스타일을 재구성할 때다. 이에 공정여행 문화의 강점을 이해하고 활성화 방안에 대해 제언하고자 한다.

첫째, 각 기관의 세미나·워크숍, 학생 등의 연수·MT 등에 활용토록 해 농어촌 마을 발전에 도움을 줄 수 있도록 공정여행과 연계시켜야 한다.

둘째, 여행의 즐거움은 새로운 사람, 문화, 자연을 만나는 것이다. 그 만남이 즐겁기 위해서는 현지와 올바른 관계를 맺는 것이 중요하다.

이를 위해서는 여행자와 현지인 모두가 만족할 수 있는 '맞춤형 공정여행 상품'이 지속적으로 개발되어야 한다.

셋째, 공정여행은 여행의 윤리를 강조한다. 단순히 즐기기 위한 기존의 여행과는 달리 그 지역 고유의 생태와 환경, 그리고 지역민의 삶과 문화를 배려하자는 데 있다.

이를 위해서는 학생들의 봉사학점제와 연계시킬 필요가 있다. 그래야만 착한 마음으로 여행을 하는 동안 내내 마음이 훈훈하고, 돌아가는 길은 아마도 몸과 마음이 한껏 홀가분해질 것이기 때문이다.

넷째, '공감만세'의 경우, 20대 젊은이들이 공정여행을 통해 세상을 바꾸자며 모여서 설립한 사회적 기업이다. 더 많은 사람들이 공정여행관련 사회적 기업을 만들어 여행자와 현지인의 만족을 넘어, 지구환경도 보호하는 그런 공정여행이 정착 될 수 있도록 제도적 뒷받침이 필요하다.

[21] 돈맛 경제학

반인에게 돈맛은 '돈을 쓰는 맛'이다. 반면 부자들은 '돈을 벌고 모으는 맛'으로 이해한다. 이것이 부자와 그렇지 않은 사람을 가르는 경계선이다.

돈맛의 개념에 대해서는 세계 경제 학자들조차도 종종 논란의 대상이 된다. 돈벌이에 미쳐 있으면서도 돈 벌 욕심을 버리라는 낡은 도덕을 강조하는 것 같아 씁쓸하다. 돈벌이와 도덕성은 과연 존재할 수 있을까,

세상에는 돈으로 살 수 있는 것이 있고, 돈으로 살 수 없는 것이 있다. 건물, 토지, 사람 등 이 세상에 현존하는 거의 모든 것을 다 돈으로 살 수 있다. 심지어 명절이나 생신날에 부모님들도 선물로 받고 싶은 것 일순위가 현금이 된 시대다.

그러나 농촌의 산업적 공간적 가치 등은 돈으로도 살 수가 없다. 특히 농촌커뮤니티를 이루고 있는 농업인은 농촌에 대한 사랑과 희생을 내포하고 있어 그 가치를 돈으로 환산할 수가 없어 더욱 소중한 것 같다.

최근 로하스바람으로 건강과 사회적 책임에 대한 중요성이 증가하면서 다양한 형태의 농촌체험이 확산하고 있고, 주말농장이 각광받고 있다.

주5일 근무제가 정착되고 소득수준이 늘어나면서 휴양과 체험 등을 위해 자연과 함께할 수 있는 농촌을 찾는 수요도 자연스럽게 증가하고 있다.

농촌과 농업이 먹을거리를 생산하는 역할 외에 눈에 보이지 않는 더 많은 공익적 가치를 가지고 있다.

이는 어떤 나라를 막론하고 농업은 국민에게 필요한 식량공급이라는 본원적인 기능 이외에 식량안보, 환경보전, 농촌사회의 유지 및 국토의 균형발전, 전통사회와 문화의 보전, 생물다양성 유지, 토양보전 및 수자원함양 등 비시장적이고, 비교역적인 공익적 기능을 수행하고 있기 때문이다.

특히 우리나라처럼 농산물 수입국입장에서 무역자유화로 불가피하게 발생하는 국내 농업생산 활동의 위축은 지금까지 우리 농업과 농촌사회의 유지를 통해 비시장적으로 수행되어 온 국토의 균형발전을 통한 다양한 공익적 가치를 감소시킬 것이다.

식량은 평상시에 돈으로 살 수 있는 재화이지만 위기상황에서는 한정된 재화로 인해 거래가 불가능해지는 상황에 직면할 수도 있다. 식량이 부족해지면 언제든 외국에서 사다 먹을 수 있다고 생각하지만, 국제적인 식량위기가 닥쳐오면 돈으로 살 수 없는 재화가 될 수도 있다.

선진국일수록 농업이 발달하지 않은 나라가 거의 없다. 농업과 농촌의 가치가 제대로 인정받고, 발전해야만 우리나라가 진정한 선진국의 반열에 오를 수 있다.

농업과 농촌 같은 다원적 가치를 시간이 흐르면 약화되는 소모품으로 보기보다는 단련시키면 커지는 근육과 같은 존재로 바라봐야 한다.

돈으로 살 수 없는 것들이 과연 있을까? <정의란 무엇인가>로 화제를 모은 하버드대 마이클 샌델 교수가 올해 4월에 펴낸 책이다. 저자는 돈으로 살 수 없는 것들과 돈으로 살 수는 있지만 그 재화의 가치보존을 위해 돈으로 사서는 안 되는 것들에 대한 명쾌한 논리를 펼친다.

모든 것을 돈으로 해결한다면, 농업 농촌의 다원적 가치 등 공익적 가치 덕목은 오래되지 않아 사라지게 될 것이다. 특히 효율성만 추구하기보다 무엇이 정말로 소중한 것인지 어떻게 살아가고 싶은지에 대한 근본적인 질문에 우리는 답해야 한다.

불과 몇 해 전만 하더라도 부동산 투기 붐이 일어 대도시 인근 농촌지역의 땅값도 들썩들썩 한 적이 있었다.

돈과 인간의 인식이 뒤엉겨 사회적 혼란을 가져오고 있다고 해도 정작 가치의 대상인 농업 농촌을 배려하진 않고 이용의 대상으로 삼았다가 실망하며 불행해 것이다. 돈 그리고 삶. 그 우선순위를 재삼 고민해봐야 할 때다.

[22] 축구 경제학

2002년 한일월드컵 4강 신화는 '꿈은 기필코 이뤄진다'는 메시지를 우리에게 남겼다. 거스 히딩크 감독이라는 족집게 강사덕택도 있지만, 준비기간 동안 집중적으로 훈련하여 얻어낸 성과가 더 클 것이다.

2년전 17세 이하 여자월드컵에서 한국 소녀들의 우승은 또 한번 깜짝 놀라게 했다. 20세 이하 독일 여자월드컵의 여운이 채 가시기도 전에, 17세 이하 여자월드컵에서도 태극 여전사들이 한국축구 역사를 새로 썼기 때문이다.

대표팀은 월드컵 결승전에서 일본을 물리치면서 세계를 경악시켰다. 남녀를 통틀어 우리 대표팀의 월드컵우승은 17세 이하 여자팀이 처음이다.

불과 반세기전, 남자축구가 스위스월드컵에 처녀 출전해 헝가리와 터키에 9대0, 7대0으로 각각 패하며 세계축구와의 간극을 참혹하게 맛봤던 것에 비하면 그야말로 놀랍도록 성장했다.

특히, 앳된 선수들이 세계적인 선수들을 거침없이 요리하는 광경은 두고두고 봐도 감동적이다.

우리 축구가 '뻥 축구'의 오명을 떨쳐버린데는, 포기하지 않는 정신력과 타고난 재능을 한껏 발휘한 측면도 있지만. 그 이면에는 전국토의 85%에 해당하는 푸른 농촌의 환경과 먹을거리가 밑천이 되었다고 볼 수 있다.

태극 소녀들의 우승 마력에 힘을 보탠 건 역시 김치와 된장이었다. 태극 소녀들은 결승을 앞둔 점심시간 된장국과 김치, 감자볶음 등 고향식 반찬으로 맛깔나게 식사를 했고, 이는 결전을 앞둔 소녀들에게 고기로 배를 채운 것보다 몸을 가볍게 만드는 역할을 했다고 한다.

그런 맥락에서 한국축구처럼 고정관념을 버리고 세방화(Globalization,세계화와 지방화의 신규 합성어)의 수용의 용기는 최근 정보기술, 바이오기술, 녹색기술의 융합체로 그 영역을 무한대로 넓혀 가고 있는 농업분야에서도 절실히 요구되는 덕목이다.

월드컵 진기록 달성을 터트릴 방안으로 신토불이 정신을 보완전술로 활용하면 어떨까.

우선, 뜀뛰기의 챔피언 메뚜기 전술이다. 메뚜기는 자기 몸길이의 20배나 되는 운동장을 뛴다.곤충의 뒷다리는 몸을 끄는 일을 하지만 메뚜기의 뒷다리는 몸을 미는 역할을 하면서, 대략 75㎝ 정도를 뛴다. 즉 공격라인, 미드필드, 포백수비라인 모두가 그만큼 많이 뛰어야 한다는 것이다.

둘째, 기습작전의 명수 나나니벌 전술이다. 나나니벌은 몸 빛깔은 검지만 날개는 유리처럼 투명하며, 배는 실처럼 가늘고 그 끝이 볼록한 게 특징이다. 나나니벌의 사냥 대상은 꿀벌, 꿀벌이 나타나면 순식간에 돌진해서 침으로 꿀벌을 찔러 버린다. 즉 공격라인은 물론 미드필드의 삼각편대가 방어 및 기습작전에 능하면서도 무서운 골 결정력을 지녀야 한다.

셋째, 수비수의 달인 귀뚜라미 전술이다. 귀뚜라미는 자기 구역 안에 다른 귀뚜라미가 침범해 오면 발로 차고 입으로 물어뜯으며 싸운다. 그래서 옛날 중국에서는 귀뚜라미 싸움을 붙이는 노름이 있었다고 한다. 이처럼 포백수비라인은 상대방 공격수를 방어하는데 악착같아야 한다.

넷째, 백발백중 사격선수 폭탄먼지벌레 전술이다. 작지만 강한 선수인 폭탄먼지벌레의 배 뒤쪽에 붙어 있는 대포 한 방의 위력은 가히 폭발적이다. 즉, 연거푸 전후좌우 방향을 마음대로 조절해서 대포를 쏜다. 4분 동안 29번이나 대포를 쏜 기록도 있다고 한다. 이처럼 공격라인은 상대방의 허점을 노려 어느 방향에서나 슈팅 스피드는 물론 유효 슈팅이 가능해야한다.

축구도 또 하나의 신토불이경제다. 매운 김치가 몸에 밴 튼튼한 체력에서 솟구치는 뜨거운 김치 맛과 메뚜기, 나나니벌, 귀뚜라미, 폭탄먼지벌레를 꼭짓점으로 하는 신토불이시스템방식이 이번 런던올림픽 축구에서도 신화창조를 계속 이어갔으면 한다.

[23] 녹색생활경제학

열린 문으로 에너지가 줄줄 새고 있다. 반면 녹색가계부(전기 등 에너지 사용 기록부)를 쓰는 가정도 늘고 있다. 전년 또는 전월에 나온 각종 고지서의 내역을 에코(생태)가계부에 꼼꼼히 기록해가며 에너지사용량을 줄이려고 노력한 덕분에 생활비 절감 효과를 톡톡히 보고 있기 때문이다.

생활환경은 개인의 행복만을 추구하는 웰빙을 넘어 이제 사회적 행복을 지향하는 로하스 시대로 접어들고 있다. 이 시점에서는 윤리적 소비와 합리적 소비가 꼭 필요하다.

전기요금의 경우 누진세가 적용되기 때문에 사용량을 조금만 줄여도 금전적으로는 큰 효과를 본다. 특히 가계부를 통해 에너지 사용량을 한눈에 보게 되고, 에너지가 곧 돈이라는 의식전환으로 삶 자체가 친환경적으로 바뀌게 된다. 사용하지 않는 콘센트 빼기, 음식물쓰레기 줄이기, 대중교통이용 등 가족의 동참을 이끌어 내는 것은 물론 이웃 주민들에게도 녹색생활이 전파된다.

음식물 쓰레기 20% 줄이면 온실가스가 연간 27,400톤이 감축되고, 100만 가구 기준으로 하루에 종이컵을 10개 덜 쓰면 온실가스가 4,000만 톤이나 절감된다고 한다.

자가용 운전 시 승용차의 km당 온실가스 배출량은 철도의 5배, 버스의 7배에 해당하며, 자가용 운전 때 공회전을 줄이고 급출발·급제동을 줄이면 승용차 100만 대 기준 연간 12만 6,000톤의 온실가스 감축효과가 있다고 한다.

특히 명절 연휴 동안 100만 가구에서 사용하지 않는 TV와 컴퓨터 등 가전기기의 플러그를 뽑아두면 온실가스가 258톤 감축돼 소나무 9만 3,000그루를 심는 것과 같다.

녹색생활과 관련해서 녹색가게도 생기고 있다. 녹색가게는 집에서 사용하지 않는 생활용품이나 책, 장난감, 의류, 신발 등을 모아 필요한 이웃에게 싸게 판매한다. 수익금 전액은은 독거노인 생신상 차려드리기, 청소년 장학금 지원, 경로당 복다림 행사, 어려운 이웃돕기 행사에 활용된다.

올 여름 전력수급 전망에 따르면, 전력피크 때의 예비전력은 고작 147만kW로, 적정 예비전력(400만kW)에 한참 모자란다고 한다. 원전 1기만 갑자기 멈춰도 대규모 정전사태는 불가피하다.

철저한 대비책이 뒤따라야 하는 것은 당연한 일이다. 그런 의미에서 몇 가지 제언하고자 한다.

첫째, 에너지와 자원 절약의 실천이다. 가정 및 직장에서의 냉·난방 에너지 및 전력의 절약, 수도물절약, 공회전자제, 대중교통 이용, 카풀(car pool)제 활용, 차량 10부제 동참 등이 대표적인 방법이다. 이러한 노력이 약간의 불편을 초래하는 측면은 있으나, 사회 전체적으로는 에너지 소비 및 온실가스 배출량을 감축시킴으로써 국가 부의 증대에 기여한다.

둘째, 환경친화적 상품으로의 소비양식 전환이다. 동일한 기능을 가진 상품이라면 환경오염 부하가 적은 상품, 예를 들면 에너지 효율이 높거나 폐기물 발생이 적은 상품을 선택하는 것이 최선의 방법이다. 이러한 소비패턴이 정착될 경우 생산자도 제품생산시 소비성향을 고려하게 되므로, 장기적으로는 경제구조 자체가 환경친화적으로 바뀌게 된다. 고효율등급의 제품 및 환경마크 부착제품을 구입한다.

셋째, 폐기물 재활용의 실천이다. 온실가스 중의 하나인 메탄은 주로 폐기물 매립처리과정에서 발생하며 재활용이 촉진되면 매립지로 반입되는 폐기물량이 감소하므로 메탄 발생량도 따라서 감소한다. 또한 폐기물 발생량이 감소하면 소각량이 감소하여 소각과정에서 발생하는 이산화탄소 배출량도 감소한다. 폐지 재활용은 산림자원 훼손의 둔화를 통해 온실가스 감축에 기여한다.

녹색생활(綠色生活)이란, 기후변화의 심각성을 인식하고 일상생활에서 에너지를 절약하여 온실가스와 오염물질의 발생을 최소화하는 생활을 말한다. 덩치 큰 가구나 몇 번 쓰지도 않을 가전제품은 물론이고, 뭐 든 마트로 가서 돈으로 해결하던 생활습관은 모두 버려야 올여름이 편안할 것이다.

[24] 날씨 경제학

요즘 날씨정보를 얼마나 잘 활용하느냐가 기업 경쟁력을 좌우한다는 인식이 국내업체들 사이에서 빠른 속도로 퍼져나가고 있다.

이미 일부 유통업체들은 상품 주문부터 재고관리, 상품 진열에 이르기까지 다양한 마케팅 과정에 날씨 정보를 활용하고 있다. 이러한 날씨 마케팅을 농산물에 도입, 활용하면 어떨까.

농산물의 경우 병해충 발생이 주로 기온, 습도 등 기상조건에 의해 결정된다. 병해충 발생은 농산물의 생산량 감소는 물론 과다한 농약사용으로 인해환경오염으로까지 이어진다.

또 날씨 변화에 따라 생활양식과 소비품이 달라지므로 기후나 날씨 변화를 예측해 그에 필요하거나 요구되는 농산물을 준비하지 않으면 판매 호기를 놓치게 된다. 특히 농산물은 신선도가 생명이기 때문에 제 시기에 팔지 못하면, 제 값은 커녕 노임조차 건지기 힘들다.

농촌의 경우 매년 증가하는 기상이변으로 인해 날씨 변화에 대한 위험관리대책이 절실한 상황이다. 하지만 아직 국내 날씨 마케팅의 현주소는 일부 공산품에 한정되어 있다.

이제 농업인에게도 날씨는 더없이 중요한 마케팅 수단이다. 날씨는 그저 '날씨'가 아닌 매출을 올리고 내리는 귀한 정보가 됐다. 날씨 정보를 잘 활용하면 농작물의 건강한 생육과 판매 경제성이라는 두 마리 토끼를 잡을 수 있다.

먼저 농촌진흥청에서 운영하는 '인터넷 농업 기상 정보 시스템'을 활용해 보자. 이곳에서는 전국의 날씨 정보를 비롯해 영농지수, 병해충 발생 예보, 주간 농업 기상 소식지 등 영농 활동에 실질적인 도움이 될 수 있는 다양한 서비스를 제공하고 있다. 이 중 영농지수는 병해충 발생 확률, 농약 살포 가능 여부, 자외선 강도 등을 제공하는 정보인데 병해충지수는 기온과 잎이 이슬에 젖어 있는 시간을 기준으로, 농약살포지수는 강수 확률과 바람의 세기에 따라 0~100 사이의 지수로 표현되고 있다.

이 정보에는 날씨에 따른 병해충의 발생 정도를 미리 예측하고, 적기에 약제를 살포해 수확물의 품질을 높이며, 농약사용량을 줄여 친환경농산물 생산을 가능케 하는 비법이 숨어 있다.

그 밖에 기상협회에서 제공하는 주간, 월간, 3개월간 일기예보 서비스에 가입해 필요한 정보와 자료를 받아 활용할 수 있다.

또 일기예보 안내 전화번호인 '131'을 누르면 오늘과 내일, 모레까지 예상되는 날씨 상황을 상세히 알려준다.

다음은 농산물 판매의 경제성이다. 농산물은 날씨 변동에 민감한 상품이다. 유통 도중 상품 가치가 떨어지는 경우가 많다. 이런 경우 날씨에 따른 최적의 유통 경로를 설정할 수 있다.

예를 들어 1주일 뒤 폭설이 예상되면 과일 도매업자는 상품을 일반 도로가 아닌 열차로 배송하는 것이 경제적이다.

매출 자료와 과거 기상 데이터를 이용, 제품별 기상 요소와의 상관관계를 구하면 품목별로 정확한 수요 예측을 할 수 있다.

예를 들어 지난 3년간 영하 1도(일평균)인 날 A판매점에서 하루에 약 100개의 찰옥수수가 팔렸다고 가정하자.

A판매점은 영하 1도의 기온이 예상되는 날의 하루 이틀 전에 예년의 판매 데이터를 바탕으로 하루 평균 100개의 찰옥수수를 주문할 수 있다. 그러면 불필요한 과다 주문을 방지하고 재고 부담을 줄이게 된다.

농산물 판매에 있어서 자신의 상품이나 매장만이 갖고 있는 날씨 변수를 면밀히 분석하는 것도 중요하다.

매장의 지리적인 위치 때문에 비 오는 날에 유난히 다른 곳보다 매상이 높아지는 곳이 있어서다. 또 기상 특징이 서로 다른 지역은 그에 따른 농산품 판매량도 서로 다르므로 그 지역 기후에 적합한 제품군을 선별해 전략 농산품으로 만들 수 있다. 이제는 농산물도 날씨를 잘 이용해야 돈을 벌 수 있는 세상이다. 날씨는 최고의 마케팅 정보이며, 농업 생존에 큰 비중을 차지할 것이다.

[25] 귀농 경제학

1955년부터 63년 사이에 태어난 베이비부머 세대가 최근 들어 은퇴를 시작했다. 그 가운데는 노후를 지낼 삶터로 농촌을 원하는 사람이 많다고 한다. 지난해 귀농가구 수가 6,541가구(귀촌 포함 1만503가구)로 사상 최대치다.

저비용으로 삶의 질이 높은 쾌적한 자연환경 속에서 여유 있는 노후를 보내고 싶은 이들에게 농촌과 고향만 한 곳이 없을 것이기 때문이다.

하지만 귀농 초기의 경제적 어려움 등 귀농인들의 안정적인 정착을 가로막는 걸림돌이 여전히 많다.

실례로 귀농했다가 역귀농한 사람들도 만만치 않다. 귀농 후 농사를 지었지만 생산비에 비해 소득이 낮아 오히려 빚을 지게 되는 경우, 많지는 않았지만 일정한 소득을 올리던 도시생활이 더 낫다고 생각해 다시 돌아온 경우다. 이런 경우, 건강과 경제라는 두 마리 토끼를 잡기 위해서는 준비훈련이 꼭 필요하다.

먼저, 생생한 정보수집이다. 요즘은 귀농을 준비하는 데 도움이 되는 책이 많다. 교육, 철학, 환경, 건강, 종자, 도감, 음식, 집짓기등과 같이 농사지으며 살아가는 데 필수내용을 담은 좋은 책이 수두룩하다. 특히 전국귀농운동본부에서 추천하는 귀농 추천 도서나 월간지 전원생활에 연재되고 있는 귀농 선배의 지상 강연, 시골생활기술 백서, 농장 생생 정착기 등을 꼽을 수 있다. 또한 정부·지자체·농촌진흥청·농어촌공사·농협 등이 제공하는 귀농·귀촌지원 원스톱서비스정보(www.returnfarm.com)를 활용하면 좋다.

둘째, 귀농(촌)하기 전에 배우고 싶은 게 있으면 도시에서 배우고 와야 한다. 농촌에는 대학가나 학원도 없다. 전체 인구의 94%나 되는 사람들이 도시에 몰려 살고 있으니 병원과 약국, 학교와 학원도 모두 도시에 있다.

귀농하기 전에 자기 몸 과 마음을 보살피고 이웃에게 도움이 되는 게 있으면 배우고 와야 한다. 요가, 지압, 안마, 쑥뜸, 침, 부항, 자연의학, 글쓰기, 사진찍기, 농기구 수리, 컴퓨터나 전기·보일러 관련 기술, 집짓기 등은 배 운 만큼 귀하게 쓰일 것이다. 아울러 도시에 살면서도 작물을 심고 가꾸어야한다. 손수 거름을 넣고 씨를 뿌려 채소 서너 가지라도 기르다보면 저절로 다른 생명과 가까워지고, 자연스럽게 농부마음으로 변할 것이다.

셋째, 농어촌 지역에 특화된 재능기부 창구를 활용하자. 농어촌 재능기부자로 활동하고 싶다면 '스마일 재능뱅크(www.smilebank.kr)'에 가입 후 '재능기부 하기'입력창에서 신청하면 된다. 재능기부 희망자는 농림어업, 마케팅, 지역개발, 의료, 복지, 교육 등 다양한 분야에 참여할 수 있다. '스마일 재능나눔터'에서 재능 기부를 원하는 마을 목록을 보고 기부 희망지를 선택한 뒤, 재능뱅크를 통 해 연결된 마을과 협의하여 재능기부하면 된다. 재능기부 활동으로 귀농귀촌 이후의 삶을 미리 준비할 수 있고 농어촌에서 새로운 일자리를 물색하는 데도 도움이 된다.

넷째, 사전에 농촌 예비실습을 해보자. 근래 지자체마다 '귀농인의 집' 들이 다 있다. 한 채당 4000만원씩 지원을 해준다. 군 단위농촌지역마다 있는 '귀농인의 집'은 입주 조건이 조금씩 다르지만 대개 월 10만 원 안쪽의 사용료를 내고 농지까지 알선해서 6개월간 살게 해준다.

귀농 학교도 견습 농부 과정이고 여러 군데서 진행하고 있다. 아울러 시골마을 도우미나 마을사무장 같은 일을 하면서 마음이나 몸이 농촌으로 이전해가는 순조로운 중간 과정을 거치는 것이 좋다. 또 선진농업인 인턴제라든가 장기귀농학교 등이 있어 1년 정도 월급까지 받으면서 배울 수 있는 농사학교도 있다.

백번 천번 듣는 것보다 한 번 실천하는것이 큰 용기이며 희망이다. 세상일은 돈으로만 해결할 순 없다. 몸이 익숙해지고 밥숟가락을 함께해봐야 정이 드는 법이다.

[26] 식생활 경제학

일반적으로 경제가 성장하여 국민소득이 높아지면 의식주 모든 면에 변화가 온다. 그러나 그 가운데서도 식생활의 변화가 가장 민감하다. 입고, 먹고, 잠자는 것 가운데 먹는 것에 대한 욕구가 가장 강하기 때문이다. 쌀로 지은 밥 대신에 햄버거나 피자와 같은 패스트푸드로 끼니를 때우는 경우가 현주소다.

이러한 시대상황을 반영하듯 지금 우리의 식생활은 기아(飢餓)시대가 아닌 포식(飽食)의 시대로 바뀌고 있다. 먹을 것이 없어 배가 고팠던 시대가 가고, 이제는 너무 많이 먹어 걱정해야 하는 시대가 온 것이다. 성인병과 비만이 그것이다. 대한의사협회에 따르면 우리나라도 고혈압(高血壓)이나 당뇨병(糖尿病)과 같은 성인병이 꾸준하게 증가하고 있고, 성인대사군 유병율도 선진국 수준인 17~20%에 근접하고 있다고 한다.

비만 환자도 크게 증가하고 있다. 특히 소아비만(小兒肥滿)으로 불리는 아이들의 비만 현상은 최근에는 흔히 발견되는 질병 가운데 하나인데, 통계적으로 보면 이미 어린이 5명 가운데 1명이 비만아로 분류되고 있어 미국의 6~7명당 1명에 비해 매우 높은 수준이다.

이런데도 젊은 학생들은 식사 때가 되어도 굳이 식당에 가지 않고 패스트푸드로 끼니를 때운다. 이런 추세라면 아마도 10년이나 20년이 지나면 우리나라 식생활도 거의 빵이나 우유, 고기로 바뀔 것이다. 식생활의 서구화(西歐化)가 바로 그것이다.

우리나라 식생활의 서구화는 양(量)과 질(質), 두 측면에서 설명할 수 있다. 양적으로는 열량섭취의 증가이고, 질적으로는 식물성 식품에 대신하여 동물성 식품의 소비 증가를 의미한다. 서구의 모든 나라들이 높은 열량을 섭취하고 있고, 또 식물성 식품 보다는 동물성 식품을 통해 많은 에너지를 얻고 있기 때문이다.

1970년 우리나라 국민들은 하루 2,370kcal의 열량을 섭취했다. 영양학적으로 성인 한사람이 목숨만을 이어가는데 필요한 기초열량이 하루 약 1,600kcal이고, 활동하면서 하루 생활에 필요한 필요열량을 약 2,100kcal로 보고 있기 때문에 당시 우리나라 사람들이 섭취하는 열량은 겨우 생활에 필요한 정도의 매우 낮은 수준이었다. 그러나 그 후 열량섭취는 크게 증가하여 1990년에는 2,800kcal를 넘어 2,900kcal 수준까지 도달했고, 또 10년이 지난 2000년에는 3,000kcal를 넘어섰다. 그리고 이와 같은 추세는 지금 까지도 지속되고 있다. 따라서 우리나라도 이제는 생활에 필요한 필요열량을 훨씬 뛰어넘는 열량의 과잉섭취를 걱정해야 하는 국가로 진입하고 있다고 말할 수 있다.

설상가상 우리나라 식량자급률은 약 26%에 불과하다. 우리가 소비하는 식량 100 가운데 26은 국내에서 자급하고 있지만 나머지 74는 외국에서 수입하고 있다는 뜻 이다. 이처럼 우리나라 식량사정은 해외 의존적이며 매우 절박한 상황에 와 있다. 지 금 우리는 먹고 싶은 것을 원하는 만큼, 언제든지 먹을 수 있기 때문이다. 하지만 현 실적으로 우리나라 식량문제는 우려할 수준을 넘어 이미 위험수준에 까지 이르고 있다. 쌀을 제외한 대부분의 식량 모두를 외국에서 수입하고 있기 때문이다.

식량안보는 물론 성인병과 비만을 끊기 위해서는 새 방향 모색이 필요하다. 이를 위해 먼저 식량안보를 위해 현실적인 식량자급률법제화 추진이 시급하다. 다음으로 바른먹거리 교육의 확산을 위한 식생활 교육프로그램이 절실하다. ‘세 살 버릇 여든 까지 간다’는 말이 있다. 어릴 적 식습관은 성인이 돼서도 그대로 이어진다. 어릴 적 부터 건강한 식습관에 대한 개념이 바로 서야 우리 아이들이 건강한 미래의 주역으 로 자랄 것이다. 이에 대한 각계의 지속적이고 적극적인 관심이 절실히 필요한 때다.

[27] 푸드마일리지 경제학

농산물 수입이 늘면서, 푸드마일리지(Food Milege)가 새롭게 주목 받고 있다. 이는 식품이 생산된 곳에서 소비자 식탁에 오르기까지의 이동 거리를 말한다.

푸드마일리지 개념이 최근 주목 받는 이유는 환경과의 연관성 때문이다. 이동 거리가 길수록 운송수단의 운행시간이 많아지고 그만큼 대기환경을 악화시키기 때문이다. 또 이동 거리가 길면 식품의 신선도가 떨어질 수밖에 없고, 이를 방지하자면 약품 처리가 불가피해 결과적으로 식품의 안전성이 떨어지게 된다.

통계에 따르면 수입포도의 경우 국산에 비해 푸드마일리지와 이산화탄소 배출량이 각각 91.5배 및 4.4배 높다고 한다. 키위는 수입품이 국산에 비해 각각 60.5배 및 3.3배 높다.

더불어 우리나라의 2007년 기준 수입식품 푸드마일리지는 일본(5,462t·km) 다음인 5,121t·km로, 영국(2,584t·km)·프랑스(869t·km)에 비해 2~6배 정도 높아 그 심각성을 드러냈다.

수입식품 수송에 따른 1인당 이산화탄소 배출량도 일본에 이어 두번째를 기록했다. 문제가 아닐 수 없다. 그만큼 먹을거리를 먼데서 들여와 안전성을 담보하기 힘들며, 온실가스 발생으로 환경에 부담을 준다는 뜻이기 때문이다.

높은 푸드마일리지는 환경오염 외에 식품 안전성 문제도 유발한다. 장기간 운송하다 보면 아무래도 신선도가 떨어지고 이를 해결하기 위해 수확 후 농약과 식품첨가물 등을 사용해야 하기 때문이다. 이는 지구온난화 방지를 위한 국제협약 이행을 위해서도 불가피한 선택이다.

온난화의 주범인 화석연료는 산업 활동에 광범위하게 쓰이지만, 최근에는 개방의 가속화로 식품 수송에 점점 더 많이 사용돼 문제다.

또한 녹색성장과도 관련이 깊다. 식품의 모든 과정에서 온실가스를 줄여 저탄소 그린 한반도를 구현하고, 푸드 마일리지를 바탕으로 한 탄소라벨링을 적극 구매하는 등 녹색소비를 활성화하는 것이 '녹색성장기본법'의 목적이다.

푸드마일리지가 높은 수입식품은 이래저래 소비자 건강과 녹색성장에 마이너스 요인이 될 수밖에 없다.

마찬가지로 한 국가에서도 가까운 지역에서 생산되는 제철 농산물을 소비하는 것이 매우 유익하다는 의미도 내포하고 있다. 때문에 푸드마일리지는 로컬푸드운동 활성화에 밑거름이 되고 있다.

이렇게 푸드마일리지 탄생 배경에는 세계화·독점화된 먹을거리 생산·유통체계에 대한 문제의식을 바탕으로 지역의 자족성을 향상시키는 대안적 생산체계를 지지하는 의도가 깔려 있다.

외국의 경우, 시민단체를 중심으로 푸드마일리지 계산기를 제공함으로써 소비자의 의식을 개선하는 데 앞장서고 있다. 일본의 대지를 지키는 모임이나 영국 오거닉 링커, 미국 아이오와주립대학교 같은 경우 푸드 마일리지 자동 계산 프로그램을 운영한다.

미국의 호손 밸리 팜은 자사 제품을 구입하면 영수증에 푸드마일리지를 기재해 주고 포인트를 적립해 준다. 이 포인트로 물건을 구입하거나 다른 사람에게 기부도 가능하다.

심지어 이탈리아는 '농산물 이동거리 0㎞ 운동'까지 추진하고 있다. 이처럼 세계 각국들이 단순 거리 산정방식에서 벗어나 운송수단별, 또는 가공식품에 포함된 원재료를 포함한 세분화된 산정법 등을 연구개발함으로써 활용 폭을 넓히는 추세이다.

이제는 녹색성장과 국민건강을 위해 푸드마일리지 축소에 관심을 높일 때다. 특히 지역농산물 생산을 늘려 지역에서 소비하는 선순환구조 구축에 힘을 쏟아야 한다. 따라서 신토불이운동과 농촌사랑운동, 로컬푸드운동 등을 확산시키는 일은 매우 중요하다. 푸드마일리지를 줄이는 방법은 지역농산물을 더 많이 찾는 것이다. 자신이 사는 지역에서 생산된 농산물을 우선 소비하면 환경에 이롭고 안전한 농산물을 먹을 수 있다. 환경을 살리고 건강한 먹을거리를 찾는 길은 멀리 있지 않다. 우리 지역 농산물을 애용하는 작은 실천이 그 답이다.

[28] 농활 경제학

여름방학을 앞두고 일부 대학생들의 농활준비가 한창이다. 농활의 전통은 1960년대 후반 이후 활발해진 대학생들의 '농촌봉사활동'에서 찾을 수 있다. 이 전통은 1970년대 후반에 이르면서 베푸는 느낌을 주는 '봉사'라는 말을 빼고 그냥 '농촌공헌활동'이란 사회운동적인 개념이 강화된 형태로 계승됐다.

이렇게 정착된 '농활'은 1980년대에 이르러 학생운동의 대중화에 중요한 초석이 됐다. 수많은 젊은이들이 농활을 통해서 사회적 책임의식을 배웠다.

이렇듯 농활이란 '새마을운동'이라는 말과 견줄 정도의 전통을 갖고 있다. 그러나 모든 전통이 그렇듯 농활 역시 처음부터 끝까지 동일한 전통은 아니었고, 시대에 따라 그 형태가 변모해 왔다.

당시 대부분 대학생들이 '농업인의 자식'이 아닐 수 없었던 시대의 봉사활동중심인 농활과 도시에서 자란 오늘날 대학생들의 농활이 같을 수는 없다.

문제는 취업준비와 아르바이트 등으로 농촌 봉사활동에 참여하는 대학생 수가 해마다 줄고 있다는데 있다. 이는 농활이 학점과 연계되지 않아 큰 혜택이 없고, 취업난에 이른바 '스펙쌓기'에 바쁘다 보니 학생들이 농활을 기피하기 때문이다. 그러다보니 농활이 오늘의 기성세대에게는 대학시절 여름방학의 추억이지만 요즘대학생들에게는 어학연수나 국토대장정과 같은 말에 비해 다소 생소한 단어가 되어가고 있다.

이제는 농활에도 창의력이 필요하다. '창조운동'이 도입되어야 한다. 창조운동이란 다양한 농촌봉사활동으로 농활사이에 문활(문화교류), 의활(의료봉사), 효활(자식노릇하기), 공활(공학지식전수)등을 함께 펼쳐가는 새로운 농활모델방식이다.

근래 문화체육관광부와 농림수산식품부는 전국의 농촌을 찾아 문화 프로그램을 진행하며 정서적 교감도 쌓을 대학생 자원봉사활동단 '문화배달부'을 선발해 운영하고 있다. 선발된 대학생들은 인근 농촌 마을을 매월 2회 이상 방문하며 세대간, 지역간 문화교류의 메신저 역할을 한다.

순천향대 의대생들은 방학을 이용해 정기적으로 농촌을 찾아 100여 항목의 문진표를 작성해 밤늦게까지 건강 상담을 하고 당뇨, 혈압 등을 체크한다. 여기에다 마을 주민들의 머리를 염색해주고 테이핑 요법으로 팔과 다리를 치료해주는 한편 안마와 발마사지 봉사를 통해 '효활'을 실천한다.

농활은 공과대학생에게도 필요하다. 대학에서 배운 공학 지식을 바탕으로 경운기, 트랙터 등의 농기계를 수리하고 노후화된 농가의 전기배선 시설 등을 고쳐주는 실습장 역할도 한다.

이런 프로그램처럼 '농활'의 참된 의미를 되새기고, 각 학과마다의 특성을 살려 낼 수 있는 농촌봉사활동으로의 영역을 넓히는 것이 좋겠다. 또한 각 대학과 농촌의 지속적인 연계를 통해 대학생 '농활'이 부활할 수 있는 제도적인 장치마련이 긴요한 시점이다.

이제 농과대학생만 농활을 한다는 생각은 바꿔야 한다. 농활도 하나의 창조운동이다. 과거 농촌봉사활동 위주의 전통적 농활방식에서 벗어나 다양성과 지속성을 추구하는 혼합방식이 농활의 경쟁력을 보장해 주는 새로운 모델이 될 수 있을 것이다.

[29] 소통의 경제학

한국은 '빨리빨리 문화'에 중독된 사회다. 한국의 '압축 성장'은 소통을 건너 뛴 '시간 절약'의 결과로 보는 것이 옳을 것이다. '머리와 머리가 만나면 두통이 생기지만, 가슴과 가슴이 만나면 소통이 된다는 말이 있다.' 단순한 말 같지만 이 말에는 사실 중요한 경제학적 메시지가 담겨있다.

경제학은 모든 사람들이 함께 인간답게 살아야 할 공평(공정과 평등)경제구조를 연구하는 학문이다. 그래서 경제학자들은 불공평 등을 합리화하고 이를 부추기고 있는 그 반대의 경제학파를 비판하는 것은 당연한 사명감이다. 예컨대 '자유시장경제'를 모토로 하고 있는 영미식 자본주의(미국과 캐나다 등)는 이윤극대화 전략이 지배적이다. 이른바 신고전학파 경제학이다. 이들에게 사람들의 신뢰와 협력은 사치이다.

반면, 대부분의 유럽지역에서는 영미와는 달리 시장중심의 이윤전략보다 '사회적 관계'중심의 공존공생을 모색한다. 이 경우 협력과 신뢰는 필수다. 학자들은 이를 '사회적 자본'이라고 부른다. 이런 학파들의 연구에 따르면 유럽사회의 풍부한 '사회적 자본'이 불평등과 배제가 완화된 '공평경제구조'를 가능케 했다고 한다.

소통에는 특히 '공평경제구조'를 가능케 하는 진실이 담겨 있어야 한다. 따라서 소통의 진실성과 경제성이 충만한 환경이 협동조합 시스템이다. 즉, 협동조합 이념 속에 녹아 있다. 협동조합 이념이란 협동조합이 지닌 최고가치와 지도정신을 의미하는 것으로 자조와 자립정신을 바탕으로 한 자득타득(自得他得)의 상부상조를 원동력으로 할 때 바람직한 협동조합 이념을 구현할 수 있다.

지금까지 협동조합 사상가와 운동가들에 의해 주장되고 실천돼온 협동조합 이념으로는 상부상조의 협동정신, 자조·자주·자립의 이념, 평등·비영리·공정의 이념 등이 있다. NH농협의 경우는 '자조·자립·협동'을 농협의 3대 이념으로 삼고 있다. 이 중 협동은 농협의 중심 이념으로 막연히 힘을 합친다는 사전적 의미가 아니라, 같은 목적을 달성하기 위해 힘을 모아 공동의 성과를 얻고자 하는 구체적 행위를 말한다.

협동이념이 잘 구현되기 위해서는 무엇보다 서로에게 이익을 줄 수 있는 자득타득(自得他得)의 상부상조 정신이 필요하게 되는데, 이는 조합원 서로에게 도움이 되지 못하는 협동은 별다른 의미가 없기 때문이다. 이러한 이념은 우리가 잘 알고 있는 '일인은 만인을 위하여, 만인은 일인을 위하여' 라는 말 속에 잘 표현돼 있다. 아울러 '자조이념'은 자득타득의 상부상조 정신의 전제조건으로 작용하게 되는데, 이는 서로 돕는다는 것은 자신의 일을 해결하는 자조의 바탕 위에서만 가능하기 때문이다. 또한 농협 운동은 외부의 원조나 지원으로 이뤄지는 것이 아니라 조합원 스스로 자신들의 문제를 해결하고 개선하는 데 그 목적이 있으므로 '자립'을 농협의 이념으로 삼고 있는 것이다. '자립'은 외부의 간섭이나 지배에서 벗어나 올바른 협동조합 운동을 전개해 나가기 위한 전제조건이기도 하다.

협동조합 이념은 협동조합을 운영하는 기본 원리이자 기반이다. 조합원은 협동조합의 이념을 중심으로 결집되고, 협동조합 이념을 바탕으로 협동조합 운동을 전개하고, 협동조합 운영에 참여하게 되는 것이다. 그렇기 때문에 농협은 임직원과 조합원 모두가 이와 같은 협동조합 이념을 항상 명확하게 공유할 수 있도록 지속적으로 교육을 실시하고 있다.

진실한 소통은 불필요한 논쟁으로부터 발생하는 거래비용을 절감시켜 준다. 나아가서는 신뢰와 협력 등 사회적 자본의 규모를 늘려준다. 소통은 시간이 좀 걸린다.

UN이 최근 협동조합시스템에 주목한 것은 세계적인 글로벌 재정위기의 소용돌이 속에서 지속가능한 발전에 대한 대안을 찾아야 할 필요를 느꼈기 때문이다. 여기에 공평경제구조를 모토로 소통의 경제학을 실천하는 협동조합시스템을 공부할 필요가 있는 셈이다.

[30] 체험의 경제학

수학여행은 경험과 배움이 만나는 생활 속 체험이다. 체험이야말로 미래 경제 성장의 열쇠이며 새로운 가치의 원천이다. 그래서 수학여행은 한국의 중·고교생이라면 누구나 거쳐야 할 필수코스처럼 여겨지는 독특한 문화라 할 수 있다.

어릴 적 수학여행 떠나기 며칠 전부터 여행에 대한 막연한 기대로 가슴 설레며 밤잠을 설치던 때가 있었다. 당시는 일정이 빡빡했고 변변한 여행안내책자조차 없었다. 버스가 출발하면 수학여행 내내 목이 쉬도록 노래를 불렀고 추억을 만들기 위해 목이 터져라 소리를 질러대며 성대를 혹사시켰다. 도시락이 형편없고 숙소가 좁아 한 반 아이들이 빼곡히 누워 잠을 자도 그 자체가 추억이었다. 그래도 아이들은 수학여행을 통해 공동체의식을 배웠고 수학여행에 대한 각양각색의 추억을 간직하곤 했다.

그러나 요즘 아이들은 이전과 달리 많이 변했다. 일단 버스 안에 오르면 이어폰을 끼고 음악을 듣거나 스마트폰을 찍고 돌리며 자기만의 세상에 빠져 바깥세상에는 전혀 관심이 없다. 각자 자신만의 수학여행을 즐기고 있는 셈이다. 여행지에 도착해서도 눈에 익은 곳이라며, 버스에서 시간을 보내려고 온갖 핑계를 대며 대열에서 빠지려고 한다. 움직이는 것 자체를 귀찮게 생각하고 유적지를 관심있게 돌아보는 학생도 없다. 필요한 정보는 스마트폰에서 다 찾을 수 있으니 메모할 이유가 없다는 계산이다.

옛날 수학여행이 호기심 반, 신념 반이었던 풍속도에 비하면 요즘 아이들에게 수학여행은 큰 흥미를 느끼지 못하는 고행길이나 다름없는 셈이다. 이제는 아이들 수학여행 방식을 바꿔야 한다. 즉, 학생과 지역민의 경제적 효용이 결합된 선순환 구조의 알뜰여행방식이 필요한 시점이다. 참여하며 즐기는 알뜰만족이 바로 그것이다.

이를 증명하듯 여행 만족도를 높이기 위해 학급별로 여행지를 정해 소규모 테마여행을 계획한다든가, 여행지를 다양화해 다양한 체험기회를 갖는 학교가 늘고 있다. 강원도의 경우, 농촌체험형 수학여행단 규모가 4년째 두 배 이상 늘어났다.

올해 초부터 도내 17개의 농촌체험형 수학 여행지를 찾았거나 예약한 수도권 지역 학생들은 모두 207개 학교에 4만여 명에 이른다. 올 연말까지 강원도를 찾는 수학여행단은 모두 6만 명이 넘을 것이라고 한다. 수동적으로 보고 듣기만 하는 것이 아니라 자연 속에서 새로운 것을 체험하는 수학여행의 참모습이 아름답기만 하다. 학생들은 신호등 없는 한적한 시골마을을 걷고 달리다 보면, 잠시나마 공부에 대한 스트레스에서 해방되고, 수레차를 타고 달리는 드라이브는 도시에서 느끼지 못하는 유·무형의 경제적 효용을 배가시켜준다. 농촌 체험형 수학여행은 농가에도 보탬이 된다. 정선 개미들 마을의 올해 예상 수입은 8억 원, 농가당 1천만 원이 넘는다고 한다.

부여군의 경우, 최근 서울 성북교육지원청과 '소규모 테마형 수학여행' 상호지원을 위한 업무협약을 체결했다고 한다. 이는 부여를 찾는 성북교육지원청 산하 각급 학생들에게 테마형 수학여행을 통한 백제의 우수한 역사문화 자원뿐만 아니라 굿뜨래로 대표되는 농업분야와 자연자원들을 널리 알리기 위해서다. 또한 예전처럼 단체로 줄서서 유적지만 보고 오는 게 아니라 같은 반 학생끼리 장소를 정해 찾아가는 소규모 테마형 수학여행도 권장되고 있다. 학년단위 수학여행은 숙박시설을 구하기가 쉽지 않고 테마체험 프로그램 진행도 힘들다. 반면 학급단위 수학여행은 이를 가능하게 할 뿐 아니라. 테마 선택의 폭 또한 그만큼 넓어지기 때문이다.

체험의 경제학은 이른바 침체된 농촌을 살리고, 학생들에도 산 교육장이 되는 농촌체험형 수학여행이다. 여행의 경제적 만족도를 높이기 위해 학급별로 여행지를 정해 소규모 테마여행을 계획한다든가, 여행지를 다양화해 다양한 체험기회를 갖도록 해 먼 훗날 이들이 소중하게 기억할 그런 수학여행이 되도록 해줘야 한다.

[31] 독서 경제학

독서는 무조건 남는 장사다. 우선 저자의 정신세계를 압축시킨 글을 읽는 것은 마치 영양이 압축된 음식을 먹는 것과 같다. 그리고 나의 정신세계에 충만한 삶의 재료를 보탠 것과 다름없다. 아울러 나의 언어 세계에 사색의 깊이의 재료를 더한 것이 되며, 나아가서는 나의 행동 세계에 행복한 삶의 재료를 합한 것이 된다. 그래서 독서경제학이다.

올해는 문화체육관광부가 제정한 '국민 독서의 해'이다. 하지만 있을 법한 공간에 도서관은 없다. 서재를 꾸리는 사람들도 줄고 있다. 한때 우리나라도 아파트문화가 자리 잡으면서 거실장식을 위한 책장식이 유행한 적도 있다. 서재를 보면 그 사람의 성격이 잘 나타난다. 서재인지 서점인지 분간이 안 될 정도로 방대한 양을 자랑하는 과시적 욕구가 나타나는 서재도 있다.

반면 소박해 보이지만 자신만의 공간으로는 손색이 없고, 편안해 보이는 서재, 마나님의 잔소리를 피하거나 조용한 사색을 하거나 깊이 있는 계획을 세울 때 이용하고 싶은 서재, 지인들과 커피 한잔 하면서 인생 얘기를 할 것 같은 편안함이 느껴지는 서재, 보통사람이라면 한 번쯤 꿈꾸는 서재이다.

하지만 요즘은 책 종이 냄새 맡으며 책장 넘기는 사람들이 사라지고 있다. 이는 디지털시대가 서재의 공간을 메모리 속으로 이동시켰기 때문이다. 물론 디지털시대가 도래한 세상은 삶의 모든 영역에서 메모리를 빼놓고는 상상을 할 수 없는 큰 흐름이 됐다. 심지어 2015년부터는 초·중·고생의 교과서가 디지털교과서로 대체된다고 한다. 종이 공장이 사라질 위기에 있다. 하긴, 전철이나 길거리에서 누군가를 기다리는 사람들의 손에는 책을 찾아보기가 힘들다. 대부분 스마트폰으로 DMB를 보거나 만화·인터넷뉴스·게임 등을 하는 사람들이 주류를 이룬다. 그것을 나쁘다고 말하는 것은 아니다. 다만, 그렇게 시간을 그냥 흘러 보내는 것 같아 안타까운 마음이 들어서다.

2011년도 국민독서실태조사 결과에 따르면 우리나라 성인 독서율은 66.8%로, 스웨덴(87%), 네덜란드(84%), 덴마크(83%), 영국(82%), 독일(81%) EU평균(71%)보다 크게 못 미치고 있다. 어른의 연평균 독서량은 10.8권이라고 한다. 단순하게 계산을 해봐도 일 년에 한 권의 책도 읽지 않는다는 말이다.

다행히 인천시 부평구가 '한 책, 한 도시(One Book, One City) 독서 운동'을 벌이고 있다. 우리 국민의 독서율이 갈수록 낮아지고 있는 상황에서 찬사를 보낼 만한 일이다. '한 책, 한 도시 독서운동'은 14년 전 미국 시애틀의 도서관에서 시작돼 미국은 물론 영국·호주·캐나다 등으로 널리 확산됐다. 이런 운동이 아니더라도 대부분의 선진국은 자국의 특성에 맞는 독서장려정책을 펼치고 있다. 영국에서는 셰익스피어의 탄생일이자 유네스코가 지정한 책의 날이기도 한 4월 23일에 '북 토큰(Book Token)'이란 쿠폰을 아이들에게 선물한다. 일본에서는 아침 짧은 시간 동안 책을 읽는 '아침독서운동'이 널리 보급돼 있다. 이런 점에서 볼 때 우리는 늦은 감이 없지 않다.

독서는 국가경쟁력 강화의 원천이다. 디지털 만능시대를 맞아 독서의 동력을 높이려면 국민의 보편적 도서 접근권을 높여야 한다. 이를 위해 레저시설 및 집객시설에 소형 도서관을 확충해야 한다. 독서는 경제학이다. 책을 읽지 않는 사람은 결코 남는 장사를 할 수 없다. 인터넷이 글로벌 정보를 끌어들일 수 있을지라도 그 자체가 창조적인 신소재를 만들어 주지는 못한다. "좋은 책을 읽는 것은 지난 몇 세기에 걸쳐 가장 훌륭한 사람들과 대화하는 것과 같다"라는 데카르트의 말을 기억하며 선선해진 초가을 저녁 책과 친구가 되어보자.

[32] 산림 경제학

봄이다. 봄은 바로 우리 곁의 나무 한 그루에서 시작되고 생명의 소중함도 일깨워준다. 하지만 봄철 산불발생이 하루 20건이라고 한다. 잇따른 산불은 정부 비상경계령을 무색케 하고 있다.

특히 청소년의 불장난이나 온난화에 따른 불규칙적인 날씨변화는 그동안 공들여

가꿔놓은 산림을 하루아침에 잿더미로 만들어 버린다. 그런 만큼 통상적인 날씨 패턴을 계산한 방지대책으로는 충분치 않다.

아울러 산림개발로 전원생활이 숲으로 확대되면서 과거에 비해 산불에 많이 노출된 환경이다. 산불진화용 장비가 질적 양적으로 많이 향상되어 있기는 하지만 산불은 한 번 발생하면 대형으로 번질 수 있다.

사실 벌거숭이 민둥산에서 109조 원 규모의 가치로 쑥쑥 자라온 우리 산림, 이 모든 값진 가치에는 산림정책과 우리 국민들의 나무가꾸기 노력이 일궈낸 결실이다. 국립산림과학원에 따르면 우리 산림의 공익적 가치가 2010년 기준 109조 원대라고 한다. 이는 2년 전 73조 원보다 49%가 늘어난 것으로, 국내총생산(GDP)의 9.3%에 달하고 국민 한 사람이 연간 216만 원의 산림복지 혜택으로 돌아간 액수다.

앞으로 귀촌인구는 점점 증가될 것이다. 더불어 사람들은 복잡한 도심을 벗어나 숲과 산림욕에 대한 갈증은 증폭될 것이다. 이를 위해 산림을 소득 증대화 시키는 케어나 힐링과 어울리는 산림 관광 상품 등이 많이 나올 것이다.

결국 사람이 돌아가고 아프면 손을 내미는 곳은 병원이기도 하지면 궁극적으로는 숲과 같은 자연이기 때문이다. 사실 스트레스를 해소하는 유일한 출구는 산림에서 치유가 되고 이는 경제적 가치로 환산하면 매년 서울시 1년 전체 예산과 맞먹을 정도다.

러시아의 경우 우리나라 산림면적의 150배에 달하는 10억ha의 광대한 산림자원을 보유한 산림부국이다. 하지만 아무리 울창한 숲이라고 해도 산림병해충 방제를 제대로 하지 못하면 땔감에 불과하게 된다. 그래서 산림왕국 러시아도 고민거리다.

국립산림과학원은 이런 병해충 방제기술을 위해 친환경으로 현장에 적용하기 위해 국내 농약전문회사와 손잡고 산림해충 친환경 방제기술 공동연구 및 시설의 공동 활용 등에 협력하고 있다.

산림병해충 기술은 방제품질행정 ISO9001 취득해 기술과 행정측면에서 국제적인 공신력 확보에도 도움을 주고 있다고 한다.

ISO9001 인증으로 인해 산림청은 산림병해충 발생여건에 선제적으로 대응해 국제수준의 방제 및 관련행정을 성공적으로 펼쳐왔다. 실제로 유럽연합이 소나무재선충병 확산방지를 위해 한국 방제기술 행정을 도입했고 몽골시베리아솔나방 방제에 한국의 방제기술 노하우가 전해지기도 했다.

아울러 산림교육전문가 양성기관 지정제도와 산림교육전문가 국가 자격증 제도

시행을 통해 숲해설가(170시간 이상) 유아숲지도사(210시간 이상) 숲길체험지도사(130시간 이상)를 양성하는 중이다.

이와 함께 금년 5월부터는 목재생산업 등록제도가 도입된다. 그동안 벌채·제재·유통 등 목재관련 산업은 일정한 자격이나 전문성이 없어도 누구나 운영이 가능해 불량 목재제품이 생산·유통되는 사례가 많았기 때문이다. 이에 따라 산림청은 목재를 다루는 모든 산업은 사업장 소재 시·군·구에 등록하도록 해 관련 산업을 체계적으로 관리하고 유통질서를 바로세울 계획이다.

이제는 우리의 산림이 산림강국으로 가는 길목에 서 있는 것이 분명하다. 체계적인 육림으로 돈이 되는 나무를 심어 관리해온 결과다. 하지만 소중한 산림을 우리의 부주의로 인해 산불로부터 잃어버리는 어리석음을 범해서는 안 된다.

산불을 일으키는 원인을 처음부터 차단하는 게 중요하다. 따라서 현대인들에게 힐링과 휴양을 가져다주는 우리 산림을 지키는 데 국민 모두가 자원봉사자가 되어야 한다. 이것이 산림강국으로 가는 지름길이다.

[33] 푼돈 경제학

요즘 같으면 정말 복권이라도 당첨되어 부자 되고 싶은 생각이 많이 든다. 그만큼 살기 어려운 것을 반증하는 것 같다. 하지만 부자가 된 사람들의 체험담을 듣고 있으면 그냥 부자가 될 것 같은 느낌이 든다고 해야 할까, 정말 돈을 벌어서가 아니라, 마음으로 느끼는 감정들이 부자가 될 같은 느낌의 말이다.

그렇다면 투자뿐만 아니라 경제공부를 많이 하신 분이나 고급 경제학을 공부한 사람들 중에는 별로 돈을 벌지 못한 사람들이 많다는 현실은 어떻게 설명될까, 과연 경제학 초보자들에게는 부자들이 들려주는 이야기가 경제학적 가치는 있는 건지, 진정 유익한 정보들이 많은 건지, 혼란스럽기 그지없다.

그런데도 누구나 부자가 되고 싶어 한다. 그래서 국내외 저명한 경제학자들이 저술한 경제학개론을 펴보게 된다. 그리고 십중팔구는 조만간 그 책을 팽개치면서 자신의 '부족한 재능'을 탓하게 된다. 보통사람의 눈으로는 이해하기 쉽지 않다.

처음부터 끝까지 기기묘묘한 방정식과 그래프로 가득한 그 개론서는 그가 품고 있는 소박한 '경제학적 의문사항'들에 대해 결코 속 시원한 대답을 해주는 법이 없다. 사실 사람들은 부자들을 보면서 그들이 가진 경제적인 가치만을 마냥 부러워하기만 하고, 정작 그들의 성공 뒤에 숨겨진 노력과 정신적인 가치를 외면하고 만다. 하지만 겉모습이 아닌 그들이 그렇게 성공할 수밖에 없었던 내면의 세계, 그들의 생각과 마음가짐, 그리고 철학적인 사고와 가치관을 분석해보면 의외로 궁금증이 풀린다. 돈을 많이 번다고 많이 모으는 것은 아니다. 버는 만큼 많이 쓰면 남는 게 없다. 따라서 확실하게 돈을 버는 방법은 아끼는 것이다. 적게 벌어도 열심히 아끼면 힘들지만 큰돈을 모을 수 있다. 그것이 바로 푼돈의 마법인 것이다.

실례로 일본 규슈 후쿠오카현 후쿠쓰시에 있는 농가식당 '살구꽃 마을'은 30여 종의 채소류를 중심으로 만든 뷔페식 식당이다. 이 요리에 사용한 채소류는 식당에 올라오기 전 농산물직매소에 진열된 것을 그날 그날 사용하며 가격도 무척 저렴하다. 운영은 240여 명의 여성 조합원으로 구성된 '살구꽃마을 이용조합'이 담당한다.

농가주부들이 직접 생산한 지역의 채소류를 많이 식용해달라는 소원을 담아 농가의 여성들이 서로서로 지혜를 모아 만든 뷔페식 식당은 널리 알려져서인지 지역 내 사람은 물론 인접 후쿠오카시나 기타큐슈시에서도 사람들이 온다.

이 직매장에서는 지역 내 학교급식소에도 채소류를 납품하는데, 조합원별로 매월 채소종류와 양을 할당해서 납품토록 한다. 이처럼 일본에서는 요즘 농가 주부들이 운영하는 푼돈식당이 큰 인기를 끌고 있다.

'푼돈이 태산이다'라는 말이 있다. 그래서 1원씩 모아 산 선물이 가장 값진 마음이라고 한다. 실례로 독일에서는 재미있는 풍습이 있다. 결혼을 하려는 남자는 1페닉(한국 화폐 1원에 해당)짜리를 모아 신부가 결혼식장에서 신을 신발을 사주는 것이 가장 좋은 선물로 되어 있다. 그래서 결혼을 앞둔 남자들은 저금통에 부지런히 1페닉 짜리를 모으는 광경을 엿볼 수 있다.

사람들은 늘 작은 것을 무시하는 우를 범한다. 사실 작은 것은 언젠가 커지고, 큰 것은 작아진다. 그래서 큰 것을 원하는 사람은 작은 것을 아껴야 한다.

반면 큰 것을 소유한 사람은 언젠가 작아질 수 있음을 경계해야 한다. 작은 것을 소중히 생각하는 의식이 푼돈을 통해 싹튼다면, 우리 주변에 존재하는 풀 한포기도 그저 하찮은 것으로 생각하지 않고 애정을 갖게 된다. 큰 것과 작은 것은 시간 속에서 결국 동전의 양면임을 푼돈이 우리에게 알려준다. 한방으로 부자의 목마름을 채우려 하지만 쉽사리 답은 떠오르지 않고, 아픔은 줄어들지 않는다. 바라건대 한탕주의라는 단어가 낯선 말로만 들리는 그런 세상이 되었으면 한다. 그게 좋은 세상이다.

[34] 멘토 경제학

요즘 '멘토'를 찾는 사람들이 늘고 있다. 멘토와의 만남은 서로의 소통을 통해 시행착오를 줄인다.

그리고 성공비결을 찾아 시작해보자고 기회를 주는 것과 같다. 더불어 멘토는 가지 않은 길을 잘 갈 수 있도록 스승을 대신해주는 사람이다. 그래서 여기저기서 나의 멘토를 찾는다고 아우성인 것 같다.

사실 멘토가 중요한 역할을 한다는 것을 부정할 수는 없다. 내가 원하는 것과 세상이 원하는 것 사이, 그리고 의미 있는 것과 의미 없는 것 사이, 또 단기간의 성취목표와 인생의 긴 흐름 사이에서 어떻게 균형을 이루면서 살 수 있을까, 진정 내가 원하고 의미 있는 것을 추구하면서 끝까지 버텨낼 수 있을까, 이런 때 흔히 나와 세상을 구하는 힘은 모호한 자신감을 확실히 정리해주는 '멘토'에 의해 해답이 나오는 경우가 많다. 왜냐하면 진정한 멘토는 어려움을 해결하기 위한 실마리를 제공하기 때문이다.

그렇다면 우리는 어떤 사람을 멘토로 삼고 살아가야만 할까. 사람마다 각자 다를 것이다. 사람과 일, 도전과 안정, 정의와 순종, 책임감, 나눔 등의 가치를 일깨워 주는 사람들 중에서 각자가 가장 우선순위로 삼고 있는 가치에 가까운 사람을 멘토로 삼고 그를 모델삼아 닮아가려고 노력하면서 살고 있지 않을까 싶다.

반면, 멘토를 찾아 삶에 대한 생각을 바꾼 듯, 능동적인 자세를 가진 듯 하지만 어쩌면 그것은 멘토에 기대만 하고 아무 행동도 하지 않는 수동적인 자세일지도 모른다. 어쩌면 멘토가 참고서에 불과할지도 모른다.

어떤 멘토도 답을 줄 수가 없는 경우가 많다. 만약 답을 준다면 반 거짓말장이다. 그들이 어떻게 다른 사람의 인생을 알 수 있을까, 그러니 멘토에 의지하지 말고 차라리 가야할 길이라면 자연스럽게 밟고 갔으면 좋겠다고 말하는 지인들도 있다. 인생은 몇 번의 코칭, 몇 번의 행동으로 바뀔 만큼 시시하지 않다.

결국 멘토를 만났다고 우리 삶의 불안이나 고통이 없어지지는 않는다. 결국 우리에게 필요한 것은 불안을 덮어버릴 만큼 확고한 믿음이나 커다란 실천이 아니다.

우리에게 필요한 것은 작은 믿음과 작은 실천, 우리의 일상에서부터 시작되는 작은 변화다. 그 작은 변화가 바로 책을 가까이 하는 습관이다.

최근 경기불황과 함께 국가적으로나 개인적으로 생존을 위해 새로운 길들을 찾고자 하는 모습들이 많이 보인다. 그런 와중에 브라운칼라 층이 새롭게 조명 받고 있다.

브라운칼라란 블루칼라의 노동에 화이트칼라의 창의적인 아이디어를 결합한 계층을 뜻한다. 사실 농업이란 직업도 단순한 육체노동이 아니라 창의적인 발상이 필요하다.

예를 들자면 기존의 블루칼라 일들을 하시던 농업인들이 SNS와 같은 기술들을 적재적소에 이용해 새로운 가치를 창출해내거나 기존에 꺼려하는 일들을 새로운 아이디어와 결합해 새로운 부가가치를 창출해내는 것이다.

그런 의미에서 농촌도 이제는 화이트칼라와 블루칼라의 구분은 큰 의미가 없다. 농사와 체험관광이라는'투잡시대'가 열렸기 때문이다.

농촌은 정직한 노동과 생명력이 통한다. 그리고 성장과 결실의 법칙이 정직하게 작용한다. 그럼에도 사소한 일에까지 꼬치꼬치 신경을 써주는 깐깐한 멘토를 찾기가 힘들다.

농촌지역의 특색 있는 전통과 도시민의 아이디어를 결합해 지역농촌을 발전시키고 있는 유럽의 모습을 바라보며, 보다 구체적인 '멘토 찾기 전략을 강구해야 할 시점이다.

이런 농촌에 당장 필요한 멘토는 누구일까. 찾기 힘들다면, 우선 기본기가 튼튼한 경제적인 멘토 부터 만나보라.

그 주인공이 바로 책이다. 책을 통해 만나지 못할 사람은 없다. 과거의 선구자들로부터 현재의 석학들에 이르기까지 모든 사람들을 책 속에서 만난다.

책 속에 인물들은 시간과 장소에 상관없이 우리가 필요한 순간에 언제든지 만날 수 있다. 그리고 다음으로 필요한 멘토가 꼭꼭 숨어있는 사람이다. 농업인들에겐 더더욱 그렇다.

[35] 아날로그 경제학

요즘 아날로그마을이 뜬다. 삶에 지친 도시민들에게 농촌마을은 마음속 깊은 곳에 묻혀 있는 추억을 자극하고 편안함을 불러일으키는 장소다. 추억과 휴식이 한꺼번에 준비되어 있고, 한결같은 자연과 마을마다 숨은 이야기가 기다리고 있다.

이런 마을의 비전을 담아내는 운동이 바로 슬로시티(slow city)다. 이는 슬로푸드 먹기와 느리게 살기로부터 시작된 운동이다. 문자 그대로 슬로, '느림'과 시티, '공동체'를 뜻한다. 느림은 속도가 빠르고 느림의 문제가 아니라 삶의 방향을 어떻게 정할 것인지에 관한 의미이다.

아울러 생명과 인간관계와 직결되어 있다. 현대는 빠름문화여서 해찰할 시간이 없을 터인데 아날로그적 사고가 웬 말인가, 갑자기 느림 쪽으로 선회하려니 적응이 안 된다. 하지만 현재의 빠름문화는 우리 사회에 공동체를 붕괴시켰다. 그래서 이 공동체를 회복시키자는 행복 운동과 맞닿아 있다.

전세계 적으로는 1999년도 10월에 시작된 슬로시티 운동은 작년 말을 기준으로 전세계 28개국 180여 곳 정도가 있다. 이탈리아가 80곳, 그 다음 독일이 13곳으로 많고 그 다음이 프랑스, 영국 순이다. 특히 슬로시티의 발상지인 이탈리아의 그레베 인 키안티라고 하는 도시는 주요 사업이 포도 하나밖에 없다.

하지만 포도로 140여 가지의 상품을 만들어 낸다. 무려 관광객은 200만 명 가량 온다. 낮에 손님들이 오면 양조장의 포도 맛이 좋다고 항상 낮에도 손님들에게 술을 권한다. 낮에 조금은 취해 있는 사람도 있지만 방문객들과 함께 생활하고 어울리는 데 비중을 둔다.

슬로시티 국제연맹본부의 현지 답사를 거쳐 일정 기준을 통과해야 슬로시티 인증을 받을 수 있다. 가입 조건은 우선 고유의 전통문화와 토착음식이 있어야 하며, 유기농과 특산품 및 공예품을 자체 생산하고 자연환경이 잘 보존돼 있음을 전제로 한다. 일단 가입이 되면 세계 100여 개 도시와 글로벌 네트워크가 형성되면서 지역 자원의 브랜드화가 가능하고, 이를 관광상품과 연계할 경우 주민 소득 향상에도 큰 도움이 된다.

우리 농촌마을의 경우 2007년도 12월에 도입되어서 현재 10곳의 슬로시티가 있다. 슬로시티는 시장·군수가 가입된 시·군 단위가 있는가 하면, 부산과 같은 광역시가 슬로시티 협력도시로 들어와 있기도 한다. 기업도 4군데 정도 들어와 있다. 현재 우리의 경우도 가입을 하겠다고 20여 군데가 신청 중이다.

하지만 슬로시티는 신청해서 1년 반에서 2년이 되어야 승인이 난다. 전남 완도·담양, 경남 하동, 전북에는 전주시가 있다. 경북 상주시·청송군, 그리고 충청남도는 예산군, 강원도는 영월군, 충청북도는 제천시, 서울에 가까운 경기도에는 남양주시가 있다.

우리 농촌은 유럽의 슬로시티 못지않은 천혜의 경관, 휴양자원, 역동적이고 짜릿한 체험거리가 줄줄이 늘어서 있고, 다양한 콘셉트로 여행을 즐길 수 있는 대표적인 관광지가 많다.

더불어 농촌마을도 진화하고 있다. 지금까지 농산물이라는 재화 생산 중심의 농업 활동에서 점차 농촌관광 활동 등 서비스 생산 활동으로 확대되고 있기 때문이다. 이른바 서비스농업의 대두가 그것이다.

이 같은 서비스 농업의 밑바탕에는 슬로시티 운동이 자리하고 있다. 슬로시티 운동은 바쁜 도시생활과 반대되는 개념으로 공해 없는 자연환경 속에서 지역의 먹을거리와 고유의 문화를 느끼며 인간다운 삶을 되찾자는 느림의 미학을 추구하는 운동이다. 슬로시티는 현재 문명을 거부하고 과거로 회귀하자는 이념이 아닌 보다 인간적인 삶을 추구하자는 데 있다.

따라서 이제부터는 한류 열풍과 우리 농촌마을의 아날로그상품을 결합한 슬로시티 운동을 추진해 외국 관광객을 유치하는 종합적인 대책이 실현되었으면 한다.

[36] 클린 경제학

따뜻한 햇살이 기분 좋게 하는 봄이다. 만물이 소생하는 봄의 정기는 사람들의 건강성을 되찾을 수 있는 기회를 만들어 준다. 그래서 겨우내 몸과 마음이 지친 현대인은 캠핑을 준비한다.

캠핑(Camping)이란 산이나 들녘 또는 바닷가 등에서 텐트를 치고 야영하는 생활을 뜻한다. 캠핑의 출발은 적지를 점령해 나가면서 군사들이 쉴 곳을 만들면서 시작됐다고 한다. 우리나라 캠핑이 레저로 시작된 해는 1930년대라고 한다.

이렇게 시작된 캠핑인구가 2010년 60만 명에서 2013년 200만 명으로 3년 사이 3.3배가 늘었다. 실제로 산이나 바다로 가보면 캠핑객이 무척 많아졌음을 실감할 수 있다. 그만큼 많은 사람들의 여가생활이 건전해졌다는 방증이다.

사실 우리 사회에 캠핑문화의 확산은 IMF시대 도래와 함께 찾아왔다. 많은 사람들이 구조조정이나 명예퇴직으로 직장을 잃는 시기였기 때문이다. 그러나 매일처럼 출근하던 생활 습관의 상실은 캠핑이나 등산 등으로 보충됐다. 그 뒤 웰빙 열풍과 급격한 고령화 사회 진입으로 숫자가 급증했다. 전국 곳곳의 산과 바다가 쓰레기로 몸살을 앓기 시작한 때도 이 시기부터다.

본래 캠핑이라 하는 것은 여백·여유를 가지고 몸 건강과 마음의 평온을 찾기 위해 하는데, 요즘 캠핑을 보면 장비는 얼마나 비싼 걸 갖다 놓고 텐트 설치하고 철수하는 데 온 힘을 쓰고, 밥 해 먹는 것에 시간 뺏기고 책 한 권, 한 줌의 구름도 쳐다보질 못한다. 게다가 캠핑객들이 떠난 자리를 보면 가관이다.

굴러다니는 부탄가스통과 물병, 보일락 말락 땅속에 묻힌 소주병과 수풀 사이에 버려진 막걸리병도 여기저기 눈에 띈다. 담배꽁초는 지천이다. 사람들이 자연에게 행패를 부린 흔적이다.

아직도 이기적으로 즐기는 캠핑객들이 많음을 증명하는 증거이다. 이는 캠핑문화의 예절을 모르는 행락객의 만행이다. 사람이 양심을 버리면 자연은 병들게 돼 있다. 텐트와 텐트 사이는 옆집과 더 가깝게 빼곡히 있고, 자연의 향기를 맡으러 와서 고기냄새를 맡고 있고, 자연의 경치를 보러 와서 술에 취해 있으며, 풀벌레 소리를 들으러 와서 떠드는 소리에 시달리고 있다.

이런 식으로 한 달간만 사람들이 캠핑장을 이용해도 땅 위에 있는 동식물 80%가 감소된다고 한다. 실제로 큰 캠핑장에 가보면 도시 생활을 옮겨 놓은 것처럼 별반 다른 게 없다. 진정 우리의 캠핑은 얼마나 주변을 돌아보고 있는 것일까. 물어보고 싶다.

반면 외국 캠핑문화는 주변 관광을 목적으로 텐트는 베이스캠프 역할만 하는 것이라고 인식한다. 우리나라의 캠핑은 캠핑장에서 모든게 이뤄지고, 먹는 게 전부인 캠핑이 대다수다. 하지만 해외에서는 대부분 낮에는 관광하느라 자리를 비우고 저녁에 돌아와서 식사를 즐기는 캠핑이다.

그래서 대부분 낮에는 캠핑장이 텅 비어 있어서 깨끗한 환경이 조성될 수밖에 없다. 더불어 'LNT(Leave No Trace)'운동이 1950년대 미국을 시작으로 확산됐다고 한다. 이는 글자 그대로 '흔적을 남기지 않기'를 실천하는 것으로, 사람들이 자연에 미치는 영향을 최소화할 수 있도록 교육하고 홍보하는 운동이다. '클린마운틴운동'이 '치료'의 개념인 데 반해 'LNT운동'은 '예방'의 개념이다.

캠핑은 말 그대로 '배려'가 동반돼야 한다. 자신에 대한 배려와 타인에 대한 배려가 함께하는 것이 진정한 캠핑이다. 또한 캠핑은 나를 힐링하기 위한 캠핑이면서, 상대의 힐링을 존중해 주는 것이 진정한 멋진 캠핑이라 생각한다.

그러기 위해서는 사람이 자연을 대하는 태도가 바뀌어야 한다. 내가 머문 자리에 버려진 쓰레기를 가져오면 된다. 움직이는 곳마다 누구도 버리는 사람이 없을 때까지 나부터 실천하면 된다. 클린캠핑(흔적 안 남기기) 운동은 우리나라 산과 들, 바다 전체가 깨끗해지는 그날까지 계속돼야 한다.

제3부

생명자원경제의 응용

1. 성공농업인의 핵심역량

3장에서는 개방화와 경쟁의 심화로 압축되고 있는 우리의 농업환경 속에서 농업경제의 새로운 전략적 접근차원으로서 성공농업인에 대한 사례를 심층 분석하여 이들이 어떻게 노력하여 성공적인 성과를 거둘 수 있었는가에 관한 핵심역량을 도출하고, 이를 구체적으로 분석하여 일반 농업인들에게 성공농업인 반열에 오를 수 있도록 하는 생명자원경경제론의 응용과 적용의 시도에서 이루어졌다.

구체적인 추진목적은 첫째, 농업환경 변화에 대응하고 농업 인력의 전문성 제고를 통한 농업 경쟁력 강화를 위하여 수요자 중심의 핵심역량을 추출하여, 둘째, 돈 버는 농업과 살맛나는 농촌 건설을 위한 성공농업인의 위상을 재정립하는 것이다.

추진목적을 달성하기 위하여 먼저 성공농업인 관련 사회적 접근현황을 고찰·분석 하였고, 농업인 역량규명을 위하여 교육 분야에서 널리 활용되는 CBC(Competency-Based Curriculum) 모형을 준용하여 역량을 파악하는데 효과적인 행동사건면접(BEI)기법을 적용했다. 농업인 총 조사자 150명중 64명이 응답(성공농업인 81명중 36명 응답, 평균농업인 69명 중 28명 응답)하였고, 이 중에서 행동사건면접(BEI)을 통해 부실 대상자 8명을 제외한 56명(성공농업인 33명, 평균농업인 23명)만을 최종 적용하여 조사를 실시하였다. 또한 행동사건면접(BEI) 데이터에서 역량을 규명하기 위해서 "Lyle M. Spencer"의『역량사전』을 사용하여 면접내용을 코딩하였다. 농업인 연구표본에 대한 역량빈도, 빈도경향, 최고수준 사례, 역량점수 차이 등을 20개 역량과 각 역량별 척도수준에서 분석한 결과를 종합적으로 고려하여, 성공농업인과 평균농업인 사이에서 중요한 역량의 차이가 발생하는 9개 역량(성취 지향성, 기술적·직업적·관리적 전문성, 자기 확신, 질서, 품질, 정확성에 대한 관심, 정보수집, 유연성, 관계형성, 분석적 사고, 고객 지향성)을『성공농업인 핵심역량』으로 도출하였다.

1) 역량의 의의

역량(Competency)의 정의

□ 역량은 특정한 상황이나 업무에서 준거에 따른 효과적이고 우수한 수행의 원인이 되는 개인의 내적인 특성을 말함

 ○ 내적인 특성 : 다양한 상황에서 개인의 행동을 예측할 수 있도록
  해주는 개인 성격의 심층적이고 지속적인 측면
 ○ 원인이 된다 : 역량이 행동이나 수행의 원인이며 행동과 수행을
  예측할 수 있다는 의미
 ○ 준거에 따름 : 역량이 어떤 사람의 우수성이나 무능력을 구체적인
  준거나 기준에 의해 예측한다는 것

-Lyle M. Spencer-

역량(Competency)의 유형

1. 동기(Motives) : 개인이 일관되게 마음에 품고 있거나 원하는 것으로 행동의 원인이 됨
2. 특질(Traits) : 신체적인 특성, 상황 또는 정보에 대한 일관적 반응성을 의미
3. 자기개념(Self-concept) : 태도, 가치관, 자기상(Self-image)을 의미
4. 지식(Knowledge) : 특정 분야에 대해 가지고 있는 정보
5. 기술(Skill) : 특정한 신체적 또는 정신적 과제를 수행할 수 있는 능력

-Lyle M. Spencer-

2) 역량분석 절차

 농업인 역량분석을 위하여 역량 연구의 고전적 단계별 모형을 이용하여 5단계로

실시하였다.

   ㅇ 제 1 단계 : 준거집단(성공농업인, 평균농업인) 선정

   ㅇ 제 2 단계 : 자료수집(행동사건면접(BEI) 기법)

   ㅇ 제 3 단계 : 역량분석(BEI 기록지 코딩/테마분석)

   ㅇ 제 4 단계 : 역량비교(준거집단 역량빈도 분석)

   ㅇ 제 5 단계 : 핵심역량(역량별 차이 분석) 도출

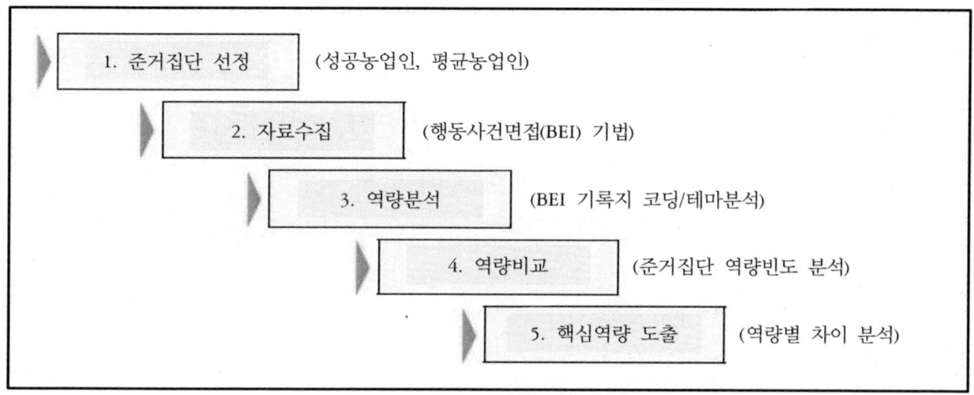

행동사건면접(BEI) 데이터에서 역량을 규명하기 위해서는 2가지 "테마분석" 방법
이 있다.

   ㅇ 제 1 방법 : 역량사전(Competency Dictionary)을 사용하여 면접내용을 코딩

   ㅇ 제 2 방법 : 면접 내용에서 직접 새로운 역량개념을 수립하여 면접내용을 코딩

  본 연구에서는 "제 1 방법"에 의거 역량 연구의 전문가인 "Lyle M. Spencer"의 역
량사전(6개 역량군 - 20개 역량명)을 활용하여 농업인 행동사건면접(BEI) 내용을 코
딩 하였다.

3) 준거집단 선정

1) 성공농업인 선정

성공농업인 선정을 위하여 성공농업인과 관련된 사회적 접근 현황에 대하여 사전
분석 을 실시하였다.

ㅇ 성공농업인 관련 선행 연구논문 고찰

ㅇ 성공농업인 관련 도서발간 현황 파악

ㅇ 성공농업인 관련 신문보도·시상내용 스크랩 조사

사전분석 결과와 2013 선도농업인 스마트 100대 농장 선정 자료(농협안성교육원)를 기초로 교수요원 워크숍을 통하여 역량분석을 위한 성공농업인 81명을 준거집단 대상자 범위로 확정하였다.

성공농업인 선정 대상자에 대한 기초자료 조사 및 영농현황 이해자료 수집으로 준거 집단 검증을 실시하였다.

ㅇ 성공농업인 대상자 현황자료(성명, 작목, 소재지, 보도일, 수상일)조사

ㅇ 문화일보, 농민신문, MBC 보도자료 및 새농민상 본상 공적조서 수집

준거집단 대상자 범위로 확정된 성공농업인 81명에 대하여 영농작목과 교육원 교수 요원 출장 인터뷰 가용인력 범위 등을 종합적으로 고려하여 성공농업인 준거집단 범위 36명을 최종 확정하였다.

표 3-1. 스마트성공농업인 대상자 작목별 인원 현황

단위 : 명

과수	수도작	채소	가공	화훼	특작	축산	계
7	2	10	4	3	7	3	36

2) 평균농업인 선정

다음과 같이 역량분석을 위해 평균농업인 69명 중 응답자 28명을 준거집단 대상자 범위로 확정하였다.

첫째, Lyle M. Spencer의 핵심역량모델의 개발과 활용(역 : 민병모 외)에서 밝힌 역량분석 준거집단 표본수 구성원칙인 "평균자 1.5명 : 우수자 2명"의 준거에 따랐다.

준거집단 평균농업인 선정을 위하여 선정원칙과 기준을 수립하였다.

둘째, 작목별 전업농가를 대상으로 하되 "통계청 농업기본통계보고서"를 기본으로 하여 경지규모별, 작목별 판매금액 평균농가 선정원칙을 수립하였다.

셋째, 2013년 안성교육원 조합임원경영능력향상과정 교육생 추천(10명) 및 안성 교육원 작목별 영농기술 교육과정 3년 이내 수료자 추천(18명) 등의 기준을 마련하였다.

넷째, 영농 작목별 추천 인원은 성공농업인 36명 작목별 분포도를 감안하여 안분

실시하였다.

표 3-2. 평균농업인 대상자 작목별 인원 현황

단위 : 명

과수	수도작	채소	가공	화훼	특작	축산	계
3	4	7	2	2	3	7	28

4) 자료 수집

자료수집 방법은 다음과 같다.

역량의 분석과 모델형성을 위해 사용되는 자료수집 방법은 6가지 방법이 있음

ㅇ 제 1 방법 : 행동사건면접(BEI : Behavioral Event Interview)

ㅇ 제 2 방법 : 전문가 패널(Expert Panels)

ㅇ 제 3 방법 : 설문조사(Surveys)

ㅇ 제 4 방법 : 컴퓨터에 기초한 전문가 시스템(Expert System)

ㅇ 제 5 방법 : 과업/직능 분석(Job Task/Function Analysis)

ㅇ 제 6 방법 : 직접관찰(Direct Observation)

본 연구에서는 농업인 역량규명을 위하여 역량을 파악하는데 효과적이고 다른 방법을 통해 포착할 수 없는 심층적인 정보를 경험적으로 얻을 수 있는 행동사건면접(BEI)기법 을 활용하여 자료를 수집하였다.

농업인을 대상으로 행동사건면접(BEI)을 효율적으로 실행하기 위한 인력구성은 원칙적으로 3인(면접자, 기록자, 체크자) 1조가 바람직하나, 교육원 가용인력 범위를 고려하여 2인(면접자, 기록자)1조를 구성하여 실시하였다.

행동사건면접(BEI)을 위하여 5급 이상 전교직원을 투입·실시하였다.

표 3-3. 교직원 Interview 횟수

농업인	Interviwer (2인 1조)	Interviewee	Interview 횟수	추진기간
성공농업인	12조	36명(36명×2H)	3回	1개월
평균농업인	10조	28명(28명×2H	2回~3回	15일

※ 全교직원 실행(총 24명 : 팀장 5명, 교수 13명, 5급 6명)

표 3-4. 농업인 행동사건면접(BEI) 질문내용

Interviewer	진행자	기록자	면접일	면접시간		장 소	
Interviewee	성 명			성별		나이	
	주 소			영농 경력		비고	
□ 인사말							
□ 항목별 질문							

5) 역량 분석

(1) 역량사전 활용

농업인 행동사건면접(BEI) 데이터에서 역량을 규명하기 위해서 " Lyle M. Spencer"
의『역량사전』을 활용하여 행동사건면접(BEI) 내용에 대한 코딩/테마분석을 실시하
였다. Lyle M. Spencer의 역량사전은 6개 역량군(성취와 행동 역량군, 대인 서비스
역량군, 영향력 역량군, 관리 역량군, 인지 역량군, 개인 효과성 역량군)과 20개의 역
량명으로 구성하였다.

표 3-5. 역량사전(Competency Dictionary) 항목

역 량 군	역 량 명	비 고
Ⅰ. 성취와 행동 역량군 (Achievement and Action)	1. 성취 지향성 역량(ACH) 2. 질서, 품질, 정확성에 대한 관심 역량(CO) 3. 주도성 역량(INT) 4. 정보 수집 역량(INF)	
Ⅱ. 대인 서비스 역량군 (Helping and Human Services)	5. 대인 이해 역량(IU) 6. 고객 지향성 역량(CSO)	
Ⅲ. 영향력 역량군 (The Impact and Influence Clusters)	7. 영향력 역량 (IMP) 8. 조직인식 역량(OA) 9. 관계 형성 역량(RB)	
Ⅳ 관리 역량군 (Managerial)	10. 타인 육성 역량(DEV) 11. 지시 역량(DIR) 12. 팀웍과 협력 역량(TW) 13. 팀 리더십 역량(TL)	
Ⅴ. 인지 역량군 (Cognitive)	14. 분석적 사고 역량(AT) 15. 개념적 사고 역량(CT) 16. 기술적/직업적/관리적 전문성 역량(EXP)	
Ⅵ. 개인 효과성 역량군 (Personal Effectiveness)	17. 자기 조절 역량(SCT) 18. 자기 확신 역량(SCF) 19. 유연성 역량(FLX) 20. 조직 헌신 역량(OC)	

6개의 역량군은 다음 표와 같은 주요 행동특성을 가지고 있다.

표 3-6. 역량군 주요 행동특성

역 량 군	행 동 특 성	비 고
Ⅰ. 성취와 행동 역량군 (Achievement and Action)	타인에 대한 영향력 보다는 과업성취를 목표로 하는 행동에 중점을 둠)	
Ⅱ. 대인 서비스 역량군 (Helping and Human Services)	타인의 요구를 충족시키려는 의도, 즉 타인의 관심과 요구에 공감하고 이를 충족시키려는 의도와 관련이 있음	
Ⅲ. 영향력 역량군 (The Impact and Influence Clusters)	타인에게 영향력을 향사하려는 내적 관심을 반영하며 일반적으로 권력욕구로 알려져 있음. 역량 의도나 행위가 보편적인 선을 추구하거나 사회적 가치를 지닌 것이어야 함	
Ⅳ 관리 역량군 (Managerial)	타인을 육성, 지도하거나 팀웍과 협동심을 고취하는 등 특정한 효과를 내려는 의도와 관련이 있음	
Ⅴ. 인지 역량군 (Cognitive)	상황, 과제, 문제점, 기회, 지식을 이해하려고 노력하는 과정에서 발휘되는것	
Ⅵ. 개인 효과성 역량군 (Personal Effectiveness)	타인 또는 업무관계에 있어서 개인의 성숙도를 반영하는 것으로 개인이 주위환경의 직접적인 압력이나 어려움에 대처할 때 발휘되는 것	

6개의 역량군에 속한 20개 역량은 다음 표와 같은 일반적 행동양식으로 표현된다.

표 3-7. **역량별 일반적 행동양식**

역 량 명	행 동 양 식	비 고
1. 성취 지향성 역량 (Achievement Orientation : ACH)	○ 규정된 기준을 달성하려고 노력한다 ○ 자신이나 타인을 위한 도전적 목표를 설정하고 이를 달성하기 위해 행동한다 ○ 비용-이득 분석을 한다 ○ 계산된 기업가적 모험을 한다	
2. 질서, 품질, 정확성에 대한 관심 역량 (Concern for Order, Quality and Accuracy : CO)	○ 업무나 정보를 모니터하고 확인한다 ○ 명확한 역할과 기능을 주장한다 ○ 정보 시스템을 수립하고 유지한다	
3. 주도성 역량 (Initiative : INT)	○ 장애에 직면해서도 포기하지 않음 ○ 기회를 인지하고 포착함 ○ 직무 요구보다 훨씬 많은 업무를 수행 ○ 다른 사람이 포착하지 못하는 독특한 기회나 문제를 예상하고 대비함	
4. 정보수집 역량 (Information Seeking : INF)	○ 원하는 정보를 얻을 때까지 일련의 질문을 통해 끈질기게 "파고든다" ○ 잠재적인 기회나 미래에 유용할 수 있는 주변적인 정보를 "검색"한다 ○ 관련 업무와 사물의 현황 등을 직접 확인하기 위해 나선다	
5. 대인 이해 역량 (Interpersonal Understanding : IU)	○ 상대방의 기분과 감정을 파악한다 ○ 경청과 관찰을 통해 상대방의 반응을 예측하고 대비한다 ○ 상대방의 태도, 관심, 요구 및 관점을 파악한다 ○ 상대방의 지속적이고 근본적인 태도, 행동양식이나 문제의 원인을 파악한다	
6. 고객 지향성 역량 (Customer Service Orientation : CSO)	○ 고객이 요구한 것 이상의 근본적인 욕구에 대한 정보를 수집해서 이를 충족시킬 수 있는 제품 또는 서비스를 제공한다 ○ 개인적으로 책임지고 고객 서비스 문제를 해결한다. 문제를 신속하고 적극적으로 해결한다 ○ 믿음직한 조언자 역할을 한다. 고객의 욕구, 문제와 기회, 시행 가능성에 대한 독자적인 견해에 따라 행동한다 ○ 장기적 안목으로 고객의 문제를 처리한다	
7. 영향력 역량 (Impact and Influence : IMP)	○ 자신이 어떠한 행동을 했을 때 다른 사람에게 어떻게 보일지를 예상한다 ○ 논리, 데이터, 사실, 숫자를 활용한다 구체적 사례, 시각 자료, 시범 등을 활용한다 ○ 정치적 제휴를 하고, "막후" 지원을 조성한다	

8. 조직인식 역량 (Organizational Awareness : OA)	○ 조직의 비공식적인 구조를 파악한다(핵심 인물, 의사결정에 영향을 미치는 인물 등) ○ 암묵적인 조직의 규제 사항, 즉 특정 시기나 상황에서 무엇이 가능하고 무엇이 불가능 한지를 인식한다 ○ 조직에 영향을 미치는 근본적인 문제점, 기회 또는 정치 세력을 파악하고 언급한다	
9. 관계 형성 역량 (Relationship Building : RB)	○ 의도적으로 "친밀한 관계"를 형성하려고 최대한 노력한다 ○ 친밀한 관계를 쉽게 형성한다 ○ 개인적 정보를 공유함으로써 공통적인 이해의 토대를 마련한다 ○ 장차 정보나 지원을 제공할 수 있는 사람과 "네트워킹"을 하거나 우호적 관계를 형성한다	
10. 타인 육성 역량 (Developing Others :DEV)	○ 누구나 배우고 싶어하며, 배울 수 있다고 믿고 긍정적인 기대감을 표시한다 ○ 교육 전략에 따라 지시하거나 직접 시범을 보인다 ○ 장래의 직무 수행에 대해 긍정적인 기대감을 표시하거나, 향후의 개선점에 대해 개별적인 조언을 해 준다. 직무 수행에 대해 피드백을 줄 때 인격보다는 행동 자체에 초점을 둔다 ○ 훈련이나 개발이 필요한 점을 찾아내고 이를 위해 새로운 프로그램이나 계획을 모색한다 ○ 타인의 능력을 키워 줄 목적으로 직무과제나 책임 사항을 위임한다	
11. 지시 역량 (Directiveness : DIR)	○ 업무 수행상의 문제를 공개적이고 직선적으로 거론한다 ○ 일방적으로 기준을 설정한다. 보다 높은 업무 성과를 요구하거나 고품질을 요구한다 ○ 불합리한 요구에 대해 "안된다"고 단호하게 이야기하거나, 행동의 한계를 정한다 ○ 업무를 완수하거나, 자신은 우선 순위가 높은 일에 전념할 수 있도록 상세한 지시를 내리거나 직무 과제를 할당한다	
12. 팀웍과 협력 역량 (Teamwork and Cooperation : TW)	○ 어떤 결정을 내리거나 계획을 세울 때아이디어와 의견을 구하고 수렴한다 ○ 구성원들에게 지속적으로 팀의 작업 진행에 관한 최신의 정보를 제공해 주고 모든 유용한 정보를 공유한다 ○ 구성원들에게 긍정적인 기대감을 표시한다 ○ 구성원들의 훌륭한 업무 성과를 공개적으로 칭찬한다 ○ 구성원을 격려하고 권한을 부여해 준다. 자신감을 불어 넣어 주고 자신이 중요한 존재임을 느끼도록 유도한다	

13. 팀 리더십 역량 (Team Leadership : TL)	○ 어떤 결정에 영향을 입게 될 사람들에게 사태의 진행양상을 알려 준다 ○ 집단의 모든 구성원들을 공정하게 대하기 위해 개인적인 노력을 기울인다 ○ 복잡한 전략을 사용하여 팀의 사기 및 생산성을 진작시킨다 ○ 다른 사람들이 리더가 설정한 팀의 임무, 목표, 강령, 정책을 따라오도록 유도한다	
14. 분석적 사고 역량 (Analytical Thinking : AT)	○ 과제를 중요성에 따라 분류하고 우선 순위를 매긴다 ○ 복잡한 과제를 처리하기 용이한 소단위로 체계적으로 구분한다 ○ 어떤 사건을 대할 때 개연성 있는 원인들을 파악하거나, 행동에 앞서 여러 가지 가능한 결과들을 예측해 본다 ○ 장애가 될 사항을 예상하여 후속 조치를 미리 생각해 둔다 ○ 여러 가지 분석 기법을 활용하여 몇 가지 해결책을 찾아내고 각각을 비교하여 가치를 평가한다	
15. 개념적 사고 역량 (Conceptual Thinking : CT)	○ 문제나 상황을 파악하기 위해 추측이나 상식 또는 경험 등을 이용한다 ○ 현재와 과거의 상황 사이에 존재하는 기본적인 차이점을 파악한다 ○ 과거에 습득한 복합적인 개념이나 방법론을 적절히 응용하거나 변형한다 ○ 외견상 관련이 없어 보이는 복합적인 데이터 사이에 존재하는 유용한 연관성을 규명한다	
16. 기술적/직업적/관리적 전문성 역량 (Technical/Professional/Managerial Expertise: EXP)	○ 자신의 기술과 지식을 최신의 것으로 유지하기 위한 조치를 취한다 ○ 직접 관련된 분야를 벗어난 지식을 탐구함으로써 호기심을 보인다 ○ 자발적으로 다른 사람들이 처한 기술적 문제의 해결을 돕는다 ○ 업무에 관련된 과정을 이수하거나 새로 운 과목을 배우려고 노력한다 ○ 적극적으로 기술적 선교사의 역할을 자임하거나 신 기술을 보급한다	
17. 자기 조절 역량 (Self-Control : SCT)	○ 충동적인 행동을 하지 않는다 ○ 쓸데없이 개입하려는 유혹을 물리친다 ○ 스트레스가 심한 상황에서도 침착하게 처신한다 ○ 적절한 스트레스 해소 방안을 찾는다 ○ 스트레스 속에서도 문제를 건설적으로 대처한다	

역량	행동지표	
18. 자기 확신 역량 (Self-Confidence : SCF)	○ 타인들이 동의하지 않는 경우에도 행동을 취하거나 결정을 내린다 ○ 설득력 있거나 인상적인 방식으로 자신을 소개한다 ○ 자신의 판단이나 능력에 대해 확신을 표시한다 ○ 의견 충돌이 있을 때 자신의 입장을 분명하고 자신 있게 밝힌다. 실수나 실패,또는 결점에 대해 개인적으로 책임을 진다 ○ 실수를 통하여 교훈을 얻으며, 실패의 원인을 파악하고 향후의 업무 수행을 향상시키기 위해 자신의 업무 수행 과정을 분석한다	
19. 유연성 역량 (Flexibility : FLX)	○ 반대되는 관점의 타당성을 인정한다 ○ 업무 중 발생하는 변화에 쉽게 적용한다 ○ 상황이나 타인의 반응에 맞춰 자신의 전략을 조절한다 ○ 조직의 큰 목적을 실현하기 위해 개별적 상황에 맞도록 규정이나 절차를 유연하게 적용한다 ○ 자신의 행동이나 방법을 상황에 맞도록 수정한다	
20. 조직 헌신 역량 (Organizational Commitment : OC)	○ 동료들이 임무를 완수할 수 있도록 기꺼이 돕는다 ○ 자신의 활동과 우선 순위를 조직의 요구에 일치시킨다 ○ 조직의 큰 목적을 달성하기 위한 협력의 필요성을 인식한다 ○ 자신의 직업적인 이익보다는 조직의 요구에 부응하는 편을 택한다	

(2) 행동사건면접(BEI) 데이터 분석

성공농업인 36명과 평균농업인 28명에 대한 행동사건면접(BEI)녹음내용에 대해 속기전문가에게 위임하여 녹취서를 작성하였다.

  ○ 성공농업인 BEI 녹음내용 : 36명×2시간=72시간

  ○ 평균농업인 BEI 녹음내용 : 28명×2시간=56시간

성공농업인 36명에 대한 행동사건면접(BEI) 내용을 면밀히 검토한 결과 성공농업인으로 인정할 수 없는 사유가 발생한 대상자 및 행동사건면접(BEI) 내용이 부실한 대상자 등 3명의 데이터를 분석대상에서 제외하여 실시하였다.

  ○ 성공농업인 행동사건면접(BEI) 데이터 분석 : **최종 33명 실시**

평균농업인 28명에 대한 행동사건면접(BEI) 내용을 검토한 결과에 있어서도 평균

농업인으로 인정할 수 없는 準성공농업인 대상자 및 행동사건면접(BEI) 내용이 부실한 대상자 등 5명의 데이터를 분석대상에서 제외하여 실시하였다.

ㅇ 평균농업인 행동사건면접(BEI) 데이터 분석 : **최종 23명 실시**

표 3-8. BEI 기록지 코딩/테마분석 예시

	진행자	기록자	면접일	면접시간	장 소	
Interviewer	전성군	장진호	2013. 9.2	10:00~12:00	우리꽃 이천사무소	
Interviewee	성 명	박 공 영		성별	남	나이 48
	주 소	경기도 이천시 모가면 송곡리 696		영농 경력	23년	비고 들꽃

사 건	분석자 노트
요즘은 이제 민간화 시켰지만 예전 중국에서는 10년전 까지만 해도 군대에서 먹는 채소라든지 돼지라든지 이런 것들을 부대 내에서 키웠어요. 그러니까 부대 내에 농장이 지금 민간화시키면서 부대농장이 비기 시작한거야. 그걸 이제 빌려가지고 거기서 꽃을 농사를 져 가지고 채종을 했고 그렇게 해서 국내로 이제 반입해서 국내시장에 이제 팔았는데 그러다보니까 이게 경쟁력이 점점 사라져요. 제가 생각하는 경쟁력은 중국에서 가져 올 수 있는 건 뭐냐하면 싼가격에 안정된 공급인데 우리 회사가 이렇게 가져와 싸게 파니까 다른 회사들도 가져올 수 있는 것 아닙니까? 그죠? 그래서 농장을 폐쇄를 시키고 북방농장도 줄였습니다. 줄인 대신에 저기 산동에 일조라고 천도에서 한시간 반 밑에 있는 해안가 도신데 거기에다 지금 17만평 식물원을 조성하고 있어요. 저희가 이 식물원은 중국 공략기지를 만드는 건데 그게 뭐냐 하면 제가 농장으로 가면 여기서는 대접을 못받습니다.	중국 군부대 농장을 빌려 채종사업을 함 (ACH. A7) (ACH. B3) (ACH. C3) 유통마진으로 다른 곳에 식물원을 조성 (FLX. A4) (FLX. B1)

6) 역량 비교

(1) 성공농업인 역량빈도 분석

성공농업인 33명 연구표본에 대한 역량빈도를 20개 역량과 각 역량별 척도수준에서 분석한 결과 총 587回의 역량빈도가 관찰되었으며, "성취 지향성 역량(ACH)"이 가장 높은 빈도를 보였다.

표3-9. 성공농업인 역량빈도 현황

역 량 명	분석빈도	역 량 명	분석빈도
1. 성취 지향성 역량(ACH)	103回	11. 지시 역량(DIR)	3回
2. 질서, 품질, 정확성에 대한 관심 역량(CO)	43回	12. 팀웍과 협력 역량(TW)	9回
3. 주도성 역량(INT)	16回	13. 팀 리더십 역량(TL)	5回
4. 정보 수집 역량(INF)	39回	14. 분석적 사고 역량(AT)	33回
5. 대인 이해 역량(IU)	1回	15. 개념적 사고 역량(CT)	24回
6. 고객 지향성 역량(CSO)	26回	16. 기술적/직업적 관리적 전문성 역량(EXP)	68回
7. 영향력 역량(IMP)	13回	17. 자기 조절 역량(SCT)	24回
8. 조직인식 역량(OA)	4回	18. 자기 확신 역량(SCF)	88回
9. 관계 형성 역량(RB)	38回	19. 유연성 역량(FLX)	35回
10. 타인 육성 역량(DEV)	11回	20. 조직 헌신 역량(OC)	4回

표 3-10. 성공농업인 역량빈도 세부현황

역 량	연구표본	분석빈도	역량점수 (척도×빈도)
I.성취와 행동 역량군			
1.성취 지향성 역량(ACH)	33	103	346
A ☞성취를 향한 행동의 강도와 완결성	(33)	(103)	(346)
A. 1 주어진 직무를 잘 하려는 욕구를 가진다	33	18	18
A. 2 규정된 기준에 도달하려고 노력한다	33	9	18
A. 3 성취를 평가하는 기준을 나름대로 설정한다	33	15	45
A. 4 수행을 개선한다	33	50	200
A. 5 도전적 목표를 세운다	33	3	15
A. 6 비용 – 이익 분석을 한다	33	6	36
A. 7 계산된 기업가적 모험을 한다	33	2	14
B ☞파급 효과 (A 점수가 3점 이상일 경우)	(33)	(75)	(105)
B. 1 개인적 수행	33	59	59
B. 2 한 두 명에게 영향을 미친다	33	5	10
B. 3 업무 집단(4-15명)에 영향을 미친다	33	9	27
B. 4 한 부서(15명 이상)에 영향을 미친다	33	1	4
B. 5 중소 규모의 기업에 영향을 미친다	33	1	5
C ☞혁신의 정도(A 점수가 3점 이상일 경우)	(33)	(54)	(111)
C. 2 직무나 부문에서 혁신을 시도한다	33	52	104
C. 3 조직 차원에서 혁신을 시도한다	33	1	3
C. 4 업계에서 혁신을 시도한다	33	1	4

2.질서,품질, 정확성에 대한 관심 역량(CO)	33	43	125
2 질서와 명확성에 대해 일반적인 관심을 보인다	33	8	16
3 자신의 업무를 점검한다	33	31	93
4 타인의 업무를 점검한다	33	4	16
3. 주도성 역량(INT)	33	16	49
A ☞시간차원	(33)	(16)	(49)
A. 2 당면한 기회나 문제를 처리한다	33	5	10
A. 3 위기에 직면해서 단호한 입장을 취한다	33	9	27
A. 4 2개월 앞을 내다보고 행동을 개시한다	33	1	4
A. 8 5년 내지 10년 앞을 예상하고 행동을 취한다	33	1	8
B 자기 동기화, 자발적인 노력의 정도	(33)	(16)	(38)
B. 2 가외의 노력을 한다	33	12	24
B. 3 요구된 업무 이상을 한다	33	2	6
B. 4 요구된 업무보다 훨씬 많은 것을 한다	33	2	8
4. 정보 수집 역량(INF)	33	39	120
1 질문을 한다	33	2	2
2 개인적으로 직접 조사한다	33	12	24
3 심층적으로 탐색한다	33	6	18
4 타인을 방문한다	33	19	76
II. 대인 서비스 역량군			
5. 대인 이해 역량(IU)	33	1	2
A ☞대인 이해의 심도	(33)	(1)	(2)
A. 2 감정과 진의를 모두 파악하고 있다	33	1	2
B 경청과 반응	(33)	(1)	(2)
B. 2 적극적으로 경청 기회를 찾는다	33	1	2
6.고객 지향성 역량(CSO)	33	26	73
A ☞고객 욕구 중시	(33)	(26)	(73)
A. 1 후속 조치를 취한다	33	2	2
A. 2 상호 기대사항에 대해 지속적으로 의사소통한다	33	16	32
A. 3 개인적으로 책임을 진다	33	1	3
A. 4 언제든 고객요구에 대응할 수 있는 준비를 갖추고 있다	33	2	8
A. 5 일이 더 잘 되도록 행동을 취한다	33	2	10
A. 6 근본적인 욕구를 중시한다	33	3	18
B ☞주도적으로 타인에게 도움과 서비스 제공	(33)	(26)	(52)
B. 1 일상적이거나 꼭 필요한 행동을 취한다	33	4	4
B. 2 일상적인 조치 이상의 도움을 제공한다	33	18	36
B. 3 상대방 욕구충족을 위해 상당한 추가 노력을한다	33	4	12

7. 영향력 역량(IMP)	33	13	67
A ☞ 타인에게 영향력을 행사하려는 의도를 가진 행동	(33)	(13)	(67)
A. 1 의도는 있지만 구체적인 행동을 취하지 않는다	33	1	1
A. 2 설득을 위해 한 가지 행동만을 취한다	33	2	4
A. 4 행동이나 말의 영향을 미리 고려한다	33	2	8
A. 5 극적인 행동을 고려한다	33	1	5
A. 7 세가지 행동을 취하거나 간접적인 영향력을 행사한다	33	7	49
B ☞영향력, 이해, 네크워크의 범위	33	(13)	(52)
B. 2 업무 단위 또는 프로젝트 팀	33	5	10
B. 3 부서	33	3	9
B. 6 시 행정무, 시 정치 조직, 시 전문 조직	33	2	12
B. 7 주 정부, 주 정치 조직, 주 전문 조직	33	3	21
8.조직인식 역량(OA)	33	4	6
A ☞조직에 대한 이해의 깊이	(33)	(4)	(6)
A. 1 공식적인 구조를 이해한다	33	3	3
A. 3 풍토와 문화를 이해한다	33	1	3
B ☞조직인식의 범위	33	(4)	(13)
B. 2 업무 단위 또는 프로젝트 팀	33	1	2
B. 3 부서	33	1	3
B. 4 사업 본부, 중소 기업의 경우는 전체	33	2	8
9.관계 형성 역량(RB)	33	38	96
A ☞ 관계의 친밀성 정도	(33)	(38)	(96)
A. 1 초대를 수용한다	33	1	1
A. 2 업무상의 접촉을 한다	33	21	42
A. 3 때로 격의 없는 접촉을 한다	33	11	33
A. 4 라포(rapport)를 형성한다	33	5	20
B ☞관계 형성의 범위	(33)	(38)	(67)
B. 1 한사람	33	11	11
B. 2 업무 단위 또는 프로젝트 팀	33	25	50
B. 3 부서	33	2	6

IV. 관리 역량군			
10.타인 육성 역량(DEV)	33	11	38
A ☞ 타인을 육성하려는 성향의 강도 및 육성 행위 완성도	(33)	(11)	(38)
A. 1 타인에 대해 긍정적인 기대감을 표시한다	33	1	1
A. 2 상세한 지시를 내리거나 현장에서 시범을 보여준다	33	3	6
A. 3 이유를 제시하거나 그 밖의 지원을 제공한다	33	3	9
A. 4 타인을 육성할 목적으로 구체적 피드백을 제공한다	33	1	4
A. 6 장기적 관점에서 코치하거나 훈련을 시킨다	33	3	18
B ☞ 육성한 사람들의 수와 그들의 지위	(33)	(11)	(20)
B. 1 한 명의 부하 직원	33	3	3
B. 2 여러 명의 부하 직원	33	7	14
B. 3 다수의 부하직원	33	1	3
11.지시 역량(DIR)	33	3	6
A ☞ 지시의 강도	(33)	(3)	(6)
A. 2 상세하게 지시를 내린다	33	3	6
B ☞ 지시의 범위와 그들의 지위	(33)	(3)	(7)
B. 2 여러 명의 부하 직원	33	2	4
B. 3 다수의 부하직원	33	1	3
12.팀웍과 협력 역량(TW)	33	9	19
A ☞ 팀웍 조성의 강도	33	(9)	(19)
A. 1 협조적	33	1	1
A. 2 정보를 공유한다	33	6	12
A. 3 긍정적인 기대감을 표시한다	33	2	6
B ☞ 해당 팀의 규모	(33)	(9)	(13)
B. 1 3명~8명으로 구성된 소규모의 비공식적 집단	33	7	7
B. 3 기존 작업 집단 또는 소규모의 부서	33	2	6
C ☞ 팀웍을 조성하기 위한 노력이나 주도성의 정도	(33)	(9)	(10)
C. 1 일상적인 노력 이상의 조치를 취한다	33	8	8
C. 2 일상적인 수준보다 훨씬 많은 조치를 취한다	33	1	2

13. 팀 리더십 역량(TL)	33	5	14
A ☞ 리더십 역량의 강도	(33)	(5)	(14)
A. 2 정보를 제공한다	33	2	4
A. 3 권한을 공정하게 사용한다	33	2	6
A. 4 팀의 효과를 높인다	33	1	4
B ☞ 해당 팀의 규모	(33)	(5)	(15)
B. 2 태스크 포스나 임시 편성 팀	33	1	2
B. 3 기존 작업 집단 또는 소규모의 부서	33	3	9
B. 4 대규모의 부서 전체	33	1	4
C ☞ 리더십을 조성하기 위한 노력이나 주도성의 정도	(33)	(5)	(8)
C. 1 일상적인 노력 이상의 조치를 취한다	33	3	3
C. 2 일상적인 수준보다 훨씬 많은 조치를 취한다	33	1	2
C. 3 엄청난 노력을 기울인다	33	1	3
V. 인지 역량군			
14.분석적 사고 역량(AT)	33	33	81
A ☞ 분석의 복합성	(33)	(33)	(81)
A. 2 기본적인 관계를 파악한다	33	19	38
A. 3 다각적인 관계를 파악한다	33	13	39
A. 4 팀의 효과를 높인다	33	1	4
B ☞ 문제의 규모	(33)	(33)	(66)
B. 1 한 사람 내지 두 사람의 업무 수행에 관심	11	11	11
B. 2 소규모 단위 부서의 성과에 관심	33	11	22
B. 3 현안 문제	33	11	33
15.개념적 사고 역량(CT)	33	24	52
A ☞ 개념의 복합성과 독창성 수준	(33)	(24)	52
A. 2 패턴을 인식한다	33	21	(42)
A. 3 복잡한 개념을 응용한다	33	2	6
A. 4 복잡한 것을 단순화 시킨다	33	1	4
B ☞ 개념적 사고의 범위	(33)	(24)	59
B. 1 한 사람 내지 두 사람의 업무 수행에 관심	33	2	2
B. 2 소규모 단위 부서의 성과에 관심	33	10	20
B. 3 현안 문제	33	11	33
B. 4 전체적인 업무 성과를 고려한다	33	1	4

16.기술적/직업적/관리적 전문성 역량(EXP)	33	68	189
A ☞ 지식의 심도	(33)	(25)	(112)
A. 2 기초지식	33	1	2
A. 3 직업적 지식	33	2	6
A. 4 향상된 직업적 지식	33	8	32
A. 5 초보적인 전문가	33	12	60
A. 6 노련한 전문가	33	2	12
B ☞ 관리적 전문성의 범위	(33)	(5)	(10)
B. 2 동질적인 직무 단위/기능	33	5	10
C ☞전문성의 습득	(33)	(27)	(45)
C. 1 최신의 기술 지식을 유지한다	33	11	11
C. 2 지식의 기반을 확대한다	33	14	28
C. 3 새로운 지식 혹은 다른 종류의 지식을 획득한다	33	2	6
D ☞ 전문성의 전파	(33)	(11)	(22)
D. 1 질문에 답해 주는 수준	33	3	3
D. 2 기술 지식을 응용해서 부가적인 영향을 준다	33	6	12
D. 3 기술적인 도움을 제공한다	33	1	3
D. 4 새로운 기술을 옹호하고 보급한다	33	1	4
VI. 개인 효과성 역량군			
17. 자기 조설 역량(SCT)	33	24	70
1 유혹을 물리친다	33	2	2
2 감정을 조절한다	33	2	4
3 침착하게 대처한다	33	18	54
5 건설적으로 대응한다	33	2	10
18. 자기 확신 역량(SCF)	33	88	171
A ☞ 자기 확신	(33)	(81)	(161)
A. 1 자신을 자신 있게 드러낸다	33	25	25
A. 2 자신을 설득력 있게 또는 인상적으로 드러낸다	33	38	76
A. 3 자신의 능력에 대해 확신을 표시한다	33	14	42
A. 4 확신에 찬 주장을 정당화한다	33	3	12
A. 6 자신을 지극히 도전적인 상황으로 내던진다	33	1	6
B ☞ 실패에 대한 대처	(33)	(7)	(10)
B. 1 책임을 인정한다	33	4	4
B. 2 실수에서 교훈을 얻는다	33	3	6

19. 유연성 역량(FLX)	33	35	112
A ☞ 변화의 폭	(33)	(35)	(112)
A. 1 상황을 객관적으로 본다	33	1	1
A. 3 상황이나 타인의 반응에 맞춰 자신 단기 전략을 조절한다	33	25	75
A. 4 자신의 장기적 전략, 목표, 혹은 프로젝트 를 상황에 맞게 조정한다	33	9	36
B ☞ 행동의 속도	(33)	(35)	(41)
B. 1 사전 검토 및 계획을 거친 장기적 변화	33	30	30
B. 2 단기적 계획을 거친 변화	33	4	8
B. 3 급속한 변화	33	1	3
20. 조직 헌신 역량(OC)	33	4	11
2 "조직원의 행동 양식"의 모범을 보인다	33	2	4
3 목적의식 – 조직에 대한 헌신이 명백히 드러나는 수준	33	1	3
4 개인적인 또는 직업적인 희생을 감수한다	33	1	4

(2) 평균농업인 역량빈도 분석

평균농업인 23명 연구표본에 대한 역량빈도를 20개 역량과 각 역량별 척도수준에서 분석한 결과 총 152回의 역량빈도가 관찰되었으며, "성취 지향성 역량(ACH)"이 가장 높은 빈도를 보였으나 타 역량의 빈도와 비교하여 두드러진 역량빈도로 볼 수 없었다.

본 연구의 평균농업인 역량빈도 분석에서는 전혀 빈도가 나타나지 않는 6개의 역량(대인 이해 역량, 영향력 역량, 타인 육성 역량, 지시 역량, 팀 리더십 역량, 조직 헌신 역량)을 관찰할 수 있었다.

표 3-11. 평균농업인 역량빈도 현황

역 량 명	분석빈도	역 량 명	분석빈도
1.성취 지향성 역량(ACH)	29回	11.지시 역량(DIR)	-
2.질서,품질,정확성에 대한 관심 역량(CO)	26回	12.팀웍과 합력 역량(TW)	2回
3.주도성 역량(INT)	3回	13.팀 리더십 역량(TL)	-
4.정보 수집 역량(INF)	13回	14. 분석적 사고 역량(AT)	11回
5.대인 이해 역량(IU)	-	15.개념적 사고 역량(CT)	3回
6. 고객 지향성 역량(CSO)	1回	16.기술적/직업적/관리적 전문성 역량(EXP)	13回
7.영향력 역량(IMP)	-	17.자기 조절 역량(SCT)	6回
8.조직인식 역량(OA)	2回	18.자기 확신 역량(SCF)	25回
9.관계 형성 역량(RB)	17回	19.유인성 역량(FLX)	1回
10.타인 육성 역량(DEV)	-	20.조직 현신 역량(OC)	-

표 3-12. 평균농업인 역량빈도 세부현황

역 량	연구표본	분석빈도	역량점수 (척도×빈도)
Ⅰ.성취와 행동 역량군			
1.성취 지향성 역량(ACH)	23	29	43
A ☞ 성취를 향한 행동의 강도와 완결성	(23)	(29)	(43)
A. 1 주어진 직무를 잘 하려는 욕구를 가진다	23	17	17
A. 2 규정된 기준에 도달하려고 노력한다	23	11	22
A. 4 수행을 개선한다	23	1	4
B ☞ 파급 효과(A 점수가 3점 이상일 경우)	(23)	(1)	(1)
B. 1 개인적 수행	23	1	1
C. ☞ 혁신의 정도(A 점수가 3점 이상일 경우)	(23)	(1)	(2)
C 2 직무나 부문에서 혁신을 시도한다	23	1	2
2. 질서, 품질, 정확성에 대한 관심 역량(CO)	23	26	53
1 업무 공간을 정돈한다	23	2	2
2 질서와 명확성에 대해 일반적인 관심을 보인다	23	21	42
3 자신의 업무를 점검한다	23	3	9
3 주도성 역량(INT)	23	3	3
A ☞ 시간차원	(23)	(3)	(3)
A. 1 끈기를 발휘 한다	23	3	3
B ☞ 자기 동기화, 자발적인 노력의 정도	(23)	(3)	(4)
B. 1 일을 독자적으로 한다	23	2	2
B. 2 가외의 노력을 한다	23	1	2

4. 정보 수집 역량(INF)	23	13	22
1. 질문을 한다	23	4	4
2 개인적으로 직접 조사한다	23	9	18
Ⅱ.대인 서비스 역량군			
5. 대인 이해 역량(IU)	23	-	-
6.고객 지향성 역량(CSO)	23	1	2
A ☞ 고객 욕구 중시	(23)	(1)	(2)
A. 2 상호 기대사항에 대해 지속적으로 의사소통한다	23	1	2
B ☞ 주도적으로 타인에게 도움과 서비스 제공	(23)	(1)	(2)
B. 2 일상적인 조치 이상의 도움을 제공한다	23	1	2
Ⅲ. 영향역 역략군			
7. 영향력 역략(IMP)	23	-	-
8. 조직인식 역량(OA)	23	2	2
A ☞ 조직에 대한 이해의 깊이	(23)	(2)	(2)
A.1 공식적인 구조를 이해한다	23	2	2
B ☞ 조직인식의 범위(자신이 속한 조직이나 다른 조직)	(23)	(2)	(7)
B. 3 부서	23	1	3
B. 4 사업 본부, 중소 기업의 경우는 전체	23	1	4
9.관계 형성 역량(RB)	23	17	39
A ☞ 관계의 친밀성 정도	(23)	(17)	(39)
A. 2 업무상의 접촉을 한다	23	12	24
A. 3 때로 격의 없는 접촉을 한다	23	5	15
B ☞ 관계 형성 범위(자신의 속한 조직이나 다른 조직)	(23)	(17)	(31)
B. 1 한 사람	23	3	3
B. 2 업무 단위 또는 프로젝트 팀	23	14	28
Ⅳ. 관리 역량군			

10. 타인 육성 역량(DEV)	23	-	-
11. 지시 역량(DIR)	23	-	-
12. 팀웍과 협력 역량(TW)	23	2	4
A ☞ 팀웍 조성의 강도	(23)	(2)	(4)
A. 2 정보를 공유한다	23	2	4
B ☞ 해당 팀의 규모	(23)	(2)	(4)
B. 1 3명~8명으로 구성된 소규모의 비공식적 집단	23	1	1
B. 3 기존 작업 집단 또는 소규모의 부서	23	1	3
C ☞ 팀웍을 조성하기 위한 노력이나 주도성의 정도	(23)	(2)	(2)
C. 1 일상적인 노력 이상의 조치를 취한다	23	2	2
13. 팀 리더십 역량(TL)	23	-	-
Ⅴ. 인지 역량군			
14. 분석적 사고 역량(AT)	23	11	18
A ☞ 분석의 복합성	(23)	(11)	(18)
A. 1 문제 분석	23	4	4
A. 2 기본적인 관계를 파악한다	23	7	14
B ☞ 문제의 규모	(23)	(11)	(20)
B. 1 한사람 내지 두 사람의 업무 수행에 관심	23	3	3
B. 2 소규모 단위 부서의 성과에 관심	23	7	14
B. 3 현안 문제	23	1	3
15. 개념적 사고 역량(CT)	23	3	5
A ☞ 개념의 복합성과 독창성 수준	(23)	(3)	(5)
A. 1 기본적인 규칙을 사용한다	23	1	1
A. 2 패턴을 인식한다	23	2	4
B ☞ 개념적 사고의 범위	(23)	(3)	(4)
B. 1 한 사람 내지 두 사람의 업무 수행에 관심	23	2	2
B. 2 소규모 단위 부서의 성과에 관심	23	1	2
16. 기술적/직업적/관리적 전문성 역량(EXP)	23	13	20
A ☞ 지식의 심도	(23)	(1)	(4)

	23	1	4
A. 4 향상된 직업적 지식	23	1	4
B ☞ 관리적 전문성의 범위	(23)	(1)	(2)
B. 2 동질적인 직무 단위/기능	23	1	2
C ☞ 전문성의 습득	(23)	(11)	(14)
C. 1 최신의 기술 지식을 유지한다	23	8	8
C. 2 지식의 기반을 확대한다	23	3	6
VI. 개인 효과성 역량군			
17. 자기 조절 역량(SCT)	**23**	**6**	**15**
2 감정을 조절한다	23	4	8
3 침착하게 대처한다	23	1	3
4 효과적으로 스트레스를 관리한다	23	1	4
18. 자기 확신 역량(SCF)	**23**	**25**	**28**
A ☞ 자기 확신	(23)	(22)	(23)
A. 1 자신을 자신있게 드러낸다	23	21	21
A. 2 자신을 설득력 있게 또는 인상적으로 드러낸다	23	1	2
B ☞ 실패에 대한 대처	(23)	(3)	(5)
B. 1 책임을 인정한다	23	1	1
B. 2 실수에 교훈을 얻는다	23	2	4
19. 유연성 역량(FLX)	**23**	**1**	**3**
A ☞ 변화의 폭	(23)	(1)	(3)
A. 3 상황에 맞춰 자신의 단기 전략을 조절한다	23	1	3
B ☞ 행동의 속도	(23)	(1)	(1)
B. 1 사진 검토 및 계획을 거친 장기적 변화	23	1	1
20. 조직 헌신 역량(OC)	**23**	-	-

(3) 역량별 빈도경향

① 성취 지향성 역량(ACH) 분석빈도

성공농업인의 경우 타 역량에 비해 가장 높은 역량빈도(총 103回)를 보였으며, 역량행동의 척도수준에서 살펴보면 성취를 향한 행동의 강도와 완결성(A) 부문의 경우 A. 4 : 수행을 개선 한다.

(50回), 파급 효과(B) 부문의 경우 B. 1 : 개인적 수행(59回), 혁신의 정도(C) 부문의 경우 C. 2 : 직무나 부문에서 혁신을 시도한다(52回)의 행동양식이 가장 높은 빈도를 보였다.

평균농업인의 경우 역시 타 역량에 비해 가장 높은 역량빈도(총29回)를 보였으나 타 역량의 빈도와 비교하여 두드러진 역량빈도로 볼 수 없었으며, 역량행동의 척도수준에서 살펴보면 성취를 향한 행동의 강도와 완결성(A) 부문의 경우 A. 1 : 주어진 직무를 잘 하려는 욕구를 가진다(17回)의 행동양식이 가장 높은 빈도를 보였고 파급효과(B) 부문과 혁신의 정도(C) 부문의 경우는 미미한 역량빈도를 보였다.

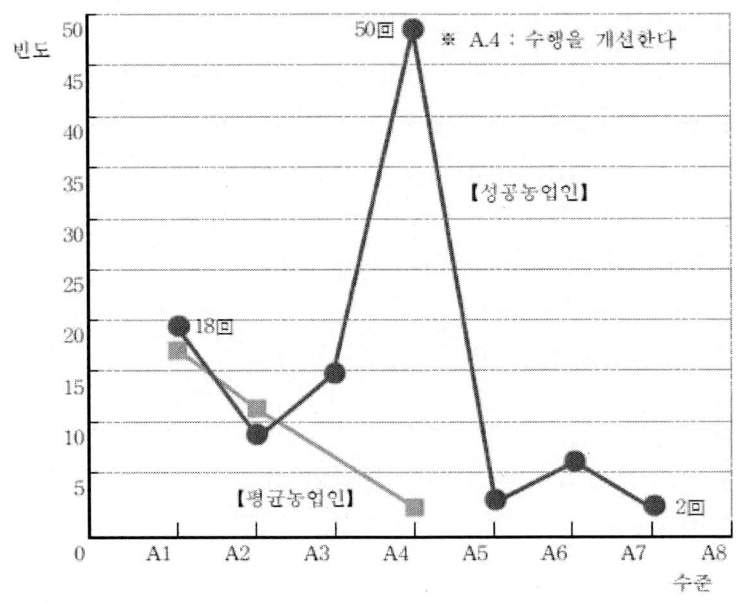

그림 3-1.성취 지향성 역량(ACH)빈도

② 질서, 품질, 정확성에 대한 관심 역량(CO) 분석빈도

성공농업인의 경우 총 43回의 역량빈도를 보였으며, 역량행동의 척도수준에서 살펴보면 3 : 자신의 업무를 점검한다(31回), 2 : 질서와 명확성에 대해 일반적인 관심을 보인다(8回), 4 : 타인의 업무를 점검한다(4回) 등의 행동양식 순으로 빈도를 보였다.

평균농업인의 경우 총 26回의 역량빈도를 보였으며, 역량행동의 척도수준에서 살펴보면 2 : 질서와 명확성에 대해 일반적인 관심을 보인다(21回)의 행동양식이 상대적으로 높은 빈도를 보였고 다른 행동양식은 낮은 역량빈도를 보였다.

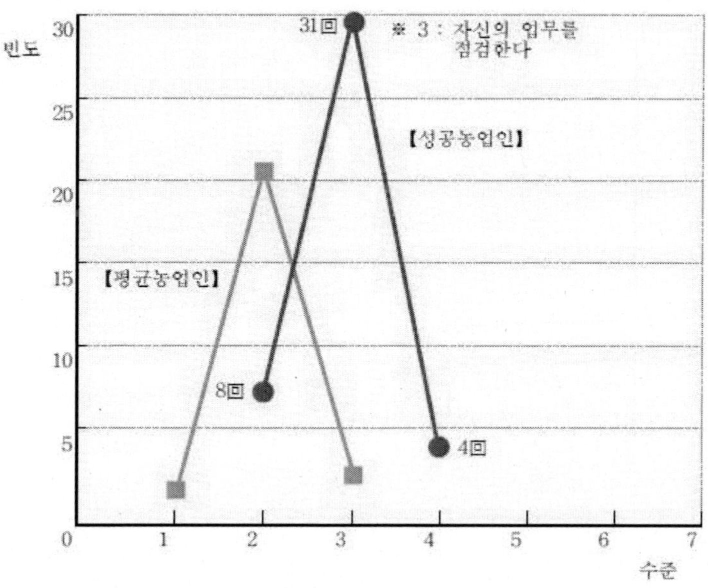

그림 3-2. 질서,품질,정확성에 대한 관심 역량(CO)빈도

③ 정보 수집 역량(INF) 분석빈도

성공농업인의 경우 총 39回의 역량빈도를 보였으며, 역량행동의 척도수준에서 살펴보면 4 : 타인을 방문한다(19回), 2 : 개인적으로 직접 조사한다(12回), 3 : 심층적으로 탐색한다(6回) 등의 행동양식 순으로 빈도를 보였다.

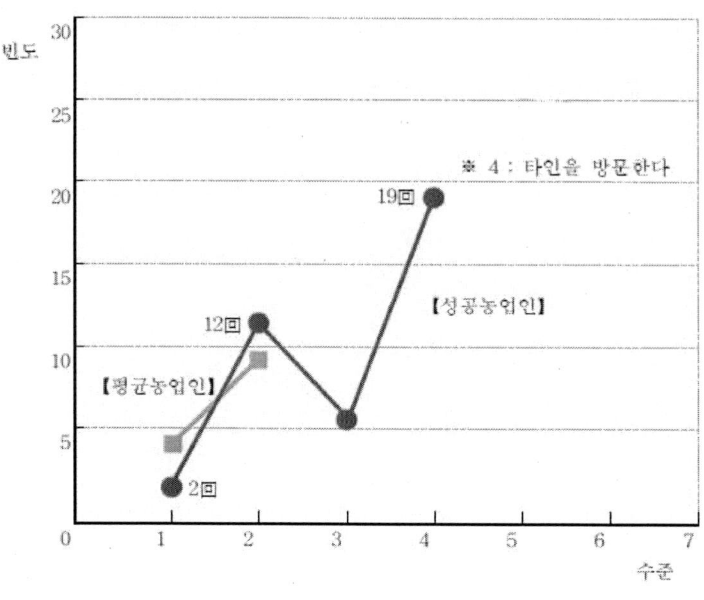

그림 3-3.정보 수집 역량(INF)빈도

④ 고객 지향성 역량(CSO) 분석빈도

성공농업인의 경우 총 26回의 역량빈도를 보였으며, 역량행동의 척도수준에서 살펴보면 고객 욕구 중시(A) 부문의 경우 A. 2 :상호 기대 사항에 대해 지속적으로 의사소통한다(16回), 주도적으로 타인에게 도움과 서비스 제공(B) 부문의 경우 B. 2 : 일상적인 조치 이상의 도움을 제공한다(18回)의 행동양식이 가장 높은 빈도를 보였다.

평균농업인의 경우 역량행동의 척도수준에서 살펴보면 고객 욕구 중시(A) 부문과 주도적으로 타인에게 도움과 서비스 제공(B)부문 모두 매우 낮은 역량빈도를 보였다.

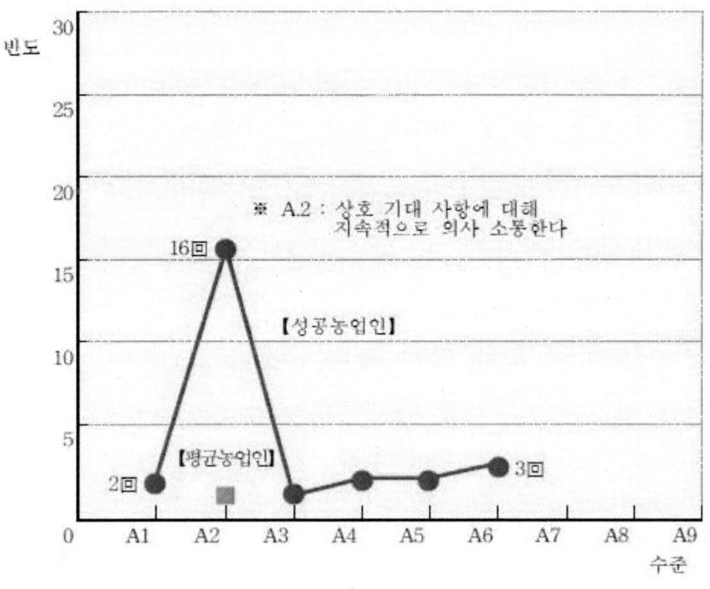

그림 3-4.고객 지향성 역량(CSO)빈도

⑤ 관계 형성 역량(RB) 분석빈도

성공농업인의 경우 총 38回의 역량빈도를 보였으며, 역량행동의 척도수준에서 살펴보면 관계의 친밀성 정도(A) 부문의 경우 A.2 : 업무상의 접촉을 한다(21回), A. 3 : 때로 격의 없는 접촉을 한다(11回), A. 4 : 라포(rapport)를 형성한다(5回) 등의 행동양식 순으로 빈도를 보였다. 관계 형성의 범위(B) 부문의 경우에서는 B. 2 : 업무 단위(25回), B. 1 : 한 사람(11回) 등의 행동양식 순으로 빈도를 보였다.

평균농업인의 경우 총 17回의 역량빈도를 보였으며, 역량행동의 척도수준에서 살펴보면 관계의 친밀성 정도(A) 부문의 경우 A. 2 : 업무상의 접촉을 한다(12回), A. 3 : 때로 격의 없는 접촉을 한다(5回) 등의 행동양식 순으로 빈도를 보였고, 성공농업인의 경우에서 나타나는 A. 4 : 라포(rapport)를 형성한다의 행동양식은 빈도가 없었음. 관계 형성의 범위(B) 부문의 경우에서는 B. 2 : 업무 단위(14回), B. 1 : 한 사람(3回) 등의 행동양식 순으로 빈도를 보였다.

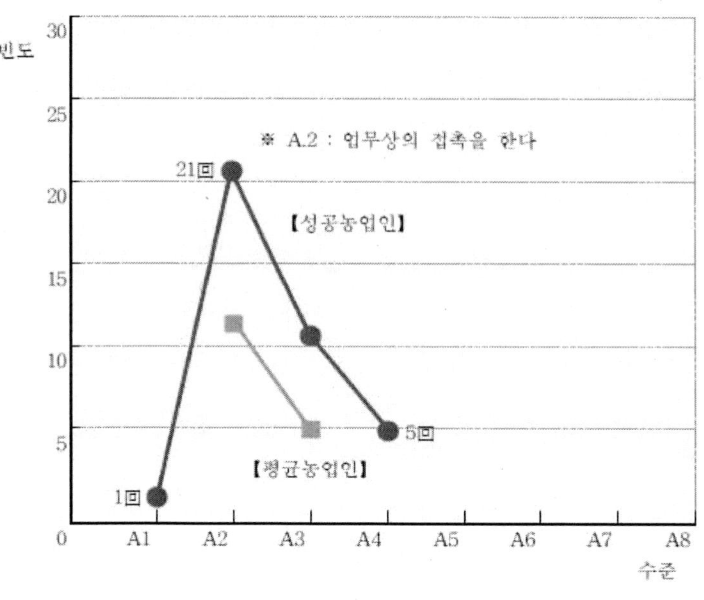

그림 3-5.관계 형성 역량(RB)빈도

⑥ 분석적 사고 역량(AT) 분석빈도

성공농업인의 경우 총 33回의 역량빈도를 보였으며, 역량행동의 척도수준에서 살펴보면 분석의 복합성(A) 부문의 경우 A. 2 : 기본적인 관계를 파악한다(19回), A. 3 : 다각적인 관계를 파악한다(13回) 등의 행동양식 순으로 빈도를 보였다. 문제의 규모(B) 부문의 경우에서 는 B. 1 : 한 사람 내지 두 사람의 업무 수행에 관심(11回), B. 2 : 소규모 단위 부서의 성과에 관심(11回), B. 3 : 현안 문제(11回) 등의 행동양식이 모두 같은 빈도를 보였다.

평균농업인의 경우 총 11回의 역량빈도를 보였으며, 역량행동의 척도수준에서 살펴보면 분석의 복합성(A) 부문의 경우 A. 2 : 기본적인 관계를 파악한다(7回), A. 1 : 문제 분석(4回) 등의 행동양식 순으로 빈도를 보였다. 문제의 규모(B) 부문의 경우에서는 B. 2 : 소규모 단위 부서의 성과에 관심(7回), B. 1 : 한 사람 내지 두 사람의 업무 수행에 관심(3回) 등의 행동양식 순으로 빈도를 보였다.

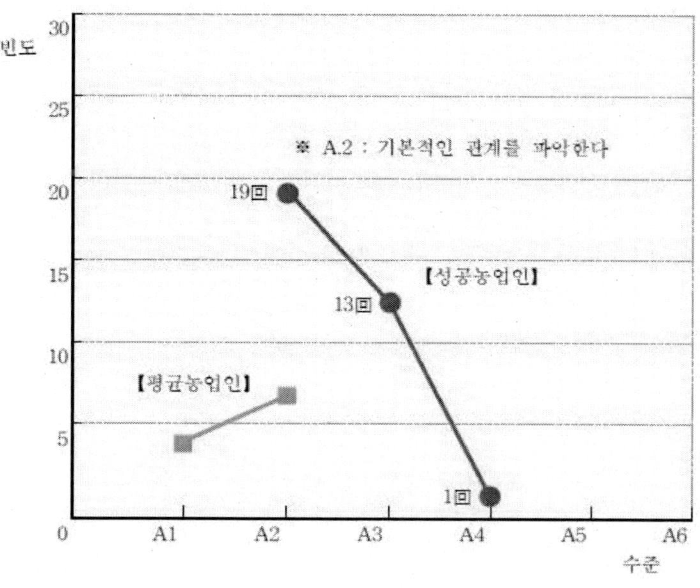

그림 3-6.분석적 사고 역량(AT)빈도

⑦ 기술적/직업적/관리적 전문성 역량(EXP) 분석빈도

성공농업인의 경우 총 68回의 역량빈도를 보였으며, 역량행동의 척도수준에서 살펴보면 지식의 심도(A) 부문의 경우 A. 5 : 초보적인 전문가(12回), A. 4 : 향상된 직업적 지식(8回) 등의 행동양식 순으로 빈도를 보였다. 전문성의 습득(C) 부문의 경우에서는 C. 2 : 지식의 기반을 확대한다(14回), C. 1 : 최신의 기술 지식을 유지한다(11回) 등의 행동양식 순으로 빈도를 보였고, 전문성의 전파(D) 부문의 경우에서는 D. 2 : 기술 지식을 응용해서 부가적인 영향을 준다(6回), D. 1 : 질문에 답해 주는 수준(3回)등의 행동양식 순으로 빈도를 보였다.

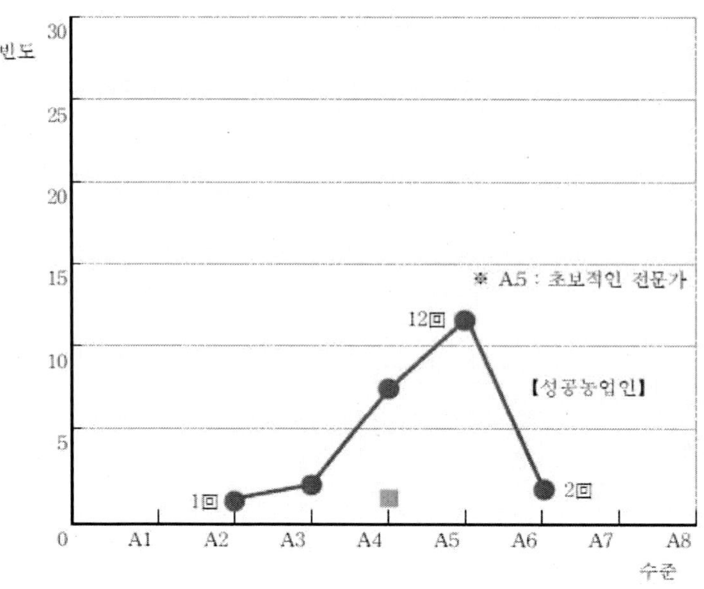

그림 3-7.기술적/직업적/관리적 전문성 역량(EXP)빈도

⑧ 자기 확신 역량(SCF) 분석빈도

성공농업인의 경우 성취 지향성 역량(ACH) 다음으로 높은 역량빈도(총 88回)를 보였으며, 역량행동의 척도수준에서 살펴보면 자기 확신(A) 부문의 경우 A. 2 : 자신을 설득력 있게 또는 인상적으로 드러낸다(38回), A. 1 : 자신을 자신 있게 드러낸다(25回), A. 3 : 자신의 능력에 대해 확신을 표시한다(14回) 등의 행동양식 순으로 빈도를 보였다. 실패에 대한 대처(B) 부문의 경우에서는 B. 1 : 책임을 인정한다(4回), B. 2 : 실수에서 교훈을 얻는다(3回) 등의 행동양식 순으로 빈도를 보였다.

평균농업인의 경우 총 25回의 역량빈도를 보였으며, 역량행동의 척도수준에서 살펴보면 자기 확신(A) 부문의 경우 A. 1 : 자신을 자신 있게 드러낸다(21回)의 행동양식이 빈도를 보였고 그 밖의 타 부문 행동양식과 역량행동의 척도수준은 성공농업인의 경우에 비하여 매우 낮은 빈도를 보였다.

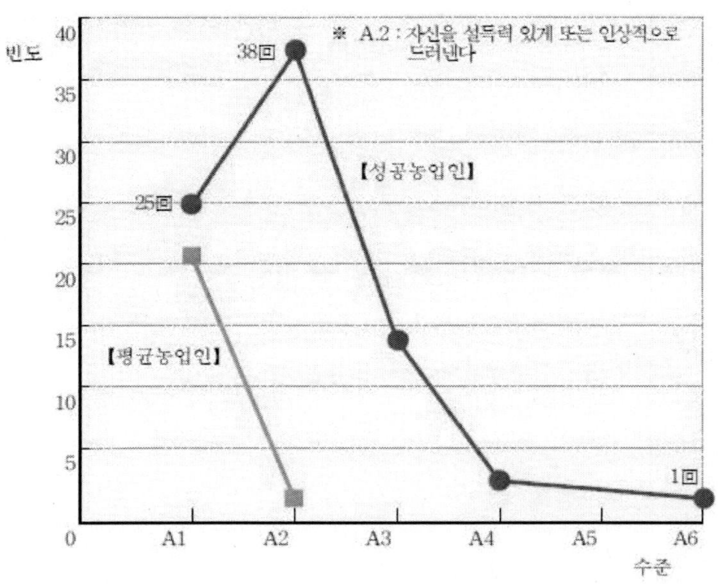

그림 3-8.자기 확신 역량(SCF)빈도

⑨ 유연성 역량(FLX) 분석빈도

성공농업인의 경우 총 35回의 역량빈도를 보였으며, 역량행동의 척도수준에서 살펴보면 변화의 폭(A) 부문의 경우 A. 3 : 상황이나 타인의 반응에 맞춰 자신의 단기 전략을 조절 한다(25回), A. 4 : 자신의 장기적 전략, 목표, 혹은 프로젝트를 상황에 맞게 조정 한다(9回) 등의 행동양식 순으로 빈도를 보였음. 행동의 속도(B) 부문의 경우에서는 B. 1 : 사전 검토 및 계획을 거친 장기적 변화(30回), B. 2 : 단기적 계획을 거친 변화(4回) 등의 행동양식 순으로 빈도를 보였다.

평균농업인의 경우 역량행동의 척도수준에서 살펴보면 변화의 폭(A) 부문과 행동의 속도(B) 부문 모두 매우 낮은 역량빈도를 보였다.

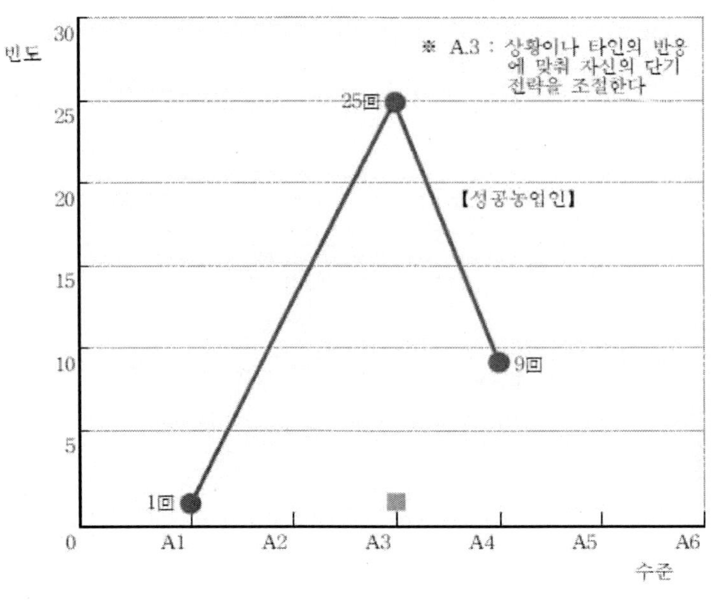

그림 3-9.유연성 역량(FLX)빈도

⑩ 기타

다른 역량들의 분석빈도에 있어서도 역량행동의 척도수준에서 살펴보면, 성공농업인이 평균농업인에 비해 공통적으로 높은 행동양식 빈도를 보였다.

(4) 역량별 최고수준 사례

① 성취 지향성 역량(ACH) 사례

ㅇ 성취 지향성 역량(ACH)의 경우 성취를 향한 행동의 강도와 완결성(A) 부문은 역량행동의 척도수준이『A. 1 ～ A. 8』단계로 구성되어 있으며, 본 연구의 역량행동 최고수준은 "A. 7 : 계산된 기업가적 모험을 한다"에 성공농업인이 2回의 빈도를 보였다.

<사 례 내 용>

※ 저는 그 때 장뇌삼을 조금씩 심은 게 아니라 능선, 땅, 활엽수 밑 등에 심으라고 교육을 받았는데 저는 그렇게만 하는 게 아니라 침엽수 밑에, 낙엽송 단지나 잣나무 밑에, 양지에, 능선에, 계곡 옆에 이렇게 실험적으로 다심었어요. 이렇게 해서 저 나름대로는 이걸 해서 꼭 돈을 번다는 생각이 있었습니다. (사례 1)

ㅇ 사례者의 역량행동 척도수준을 점수(10점 기준)로 환산한 역량현황

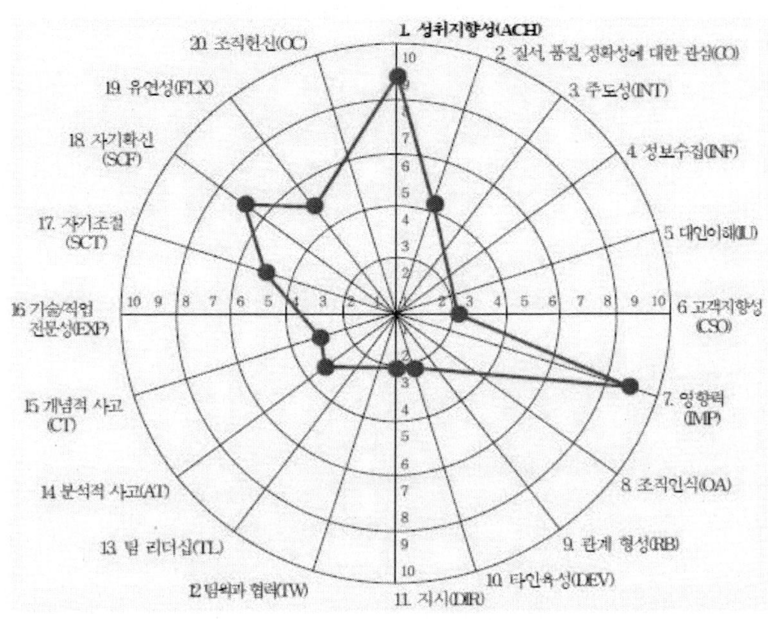

그림 3-10.개인별 주요역량 현황(사례 1)

② 질서, 품질, 정확성에 대한 관심 역량(CO) 사례

ㅇ 질서, 품질, 정확성에 대한 관심 역량(CO)의 경우 역량행동의 척도수준이『1 ～ 7』단계로 구성되어 있으며, 본 연구의 역량행동 최고수준은 "4 : 타인의 업무를 점검한다"에 성공농업인이 4回의 빈도를 보였다.

<사례 내용>

※ 게류마늄 비료를 3포에서 5포 이상을 써야 된다 이게 강제조항입니다. 작목반원 규칙입니다. 작목반을 가입하려면 이것을 의무화 하고 있습니다. 사용하지 않으면 제명입니다. (사례 2)

ㅇ 사례者의 역량행동 척도수준을 점수(10점 기준)로 환산한 역량현황

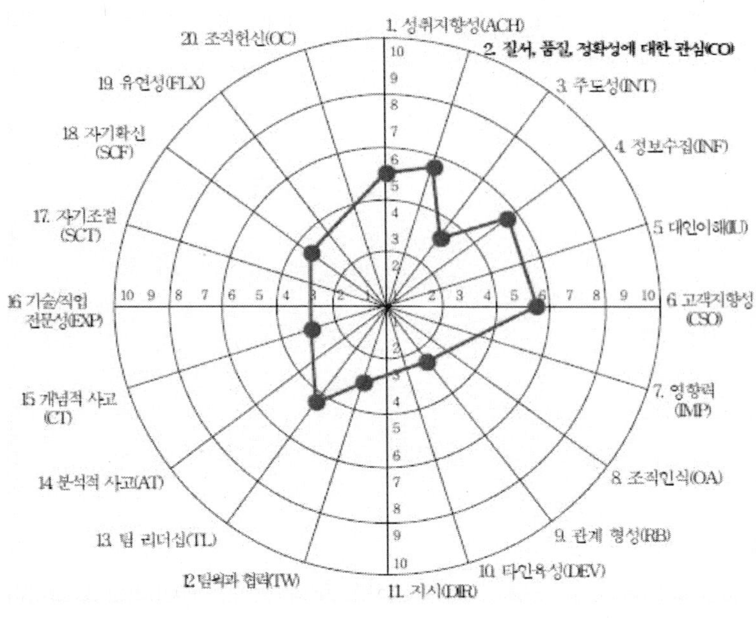

그림 3-11.개인별 주요역량 현황(사례 2)

③ 정보 수집 역량(INF) 사례

o 정보 수집 역량(INF)의 경우 역량행동의 척도수준이『1 ~ 7』단계로 구성되어 있으며, 본 연구의 역량행동 최고수준은 "4 : 타인을 방문한다"에 성공농업인이 19 回의 빈도를 보였다.

<사례내용>

※ 농업벤처박람회 같은데 가면은 다양한 사람들이 다옵니다. 농민들만 받는 교육이 아니고 농수산 홈쇼핑 사장부터 시작해서 공무원, 유통하시는 분, 무역하시는 분, 또 농민도 쌀만 하는 게 아니고 또 여러 가지 다 하는 분들이 오기 때문에 그런데서 서로 얘기를 주고받고 하다 보면 그게 더 큰 정보 교환이 되는 거예요. (사례 3)

o 사례者의 역량행동 척도수준을 점수(10점 기준)로 환산한 역량현황

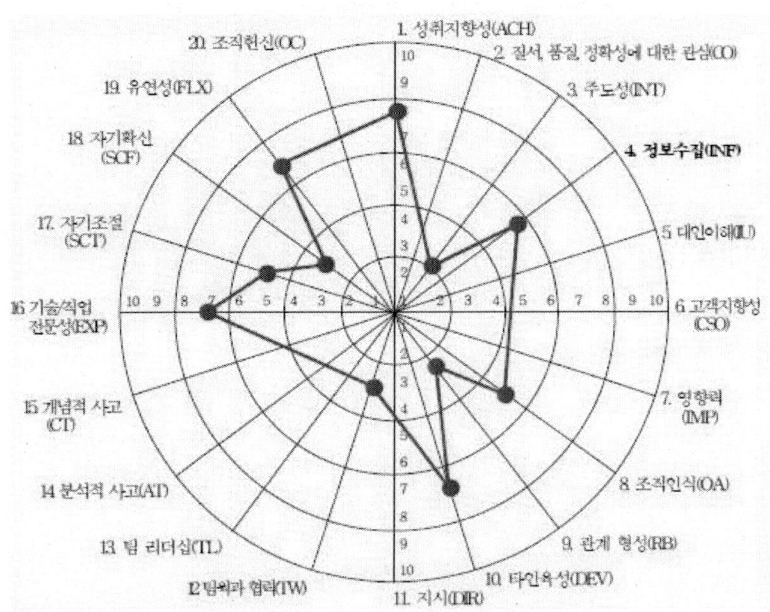

그림 3-12.개인별 주요역량 현황(사례 3)

④ 고객 지향성 역량(CSO) 사례

ㅇ 고객 지향성 역량(CSO)의 경우 고객 욕구 중시(A) 부문은 역량행동의 척도수준이『A. 1 ～ A. 9』단계로 구성되어 있으며, 본연구의 역량행동 최고수준은 "A. 6 : 근본적인 욕구를 중시한다" 에 성공농업인이 3回의 빈도를 보였다.

<사례내용>

※ 농산물을 생산해서 시장에 내는 것도 중요하지만 지금은 소비자 기준에 맞춰서 팔아야 되거든요. 소비자가 뭘 요구하는지 그걸 파악을 하고, 거기에 맞춰서 나가야 된다는 거죠. (사례 4)

ㅇ 사례者의 역량행동 척도수준을 점수(10점 기준)로 환산한 역량현황

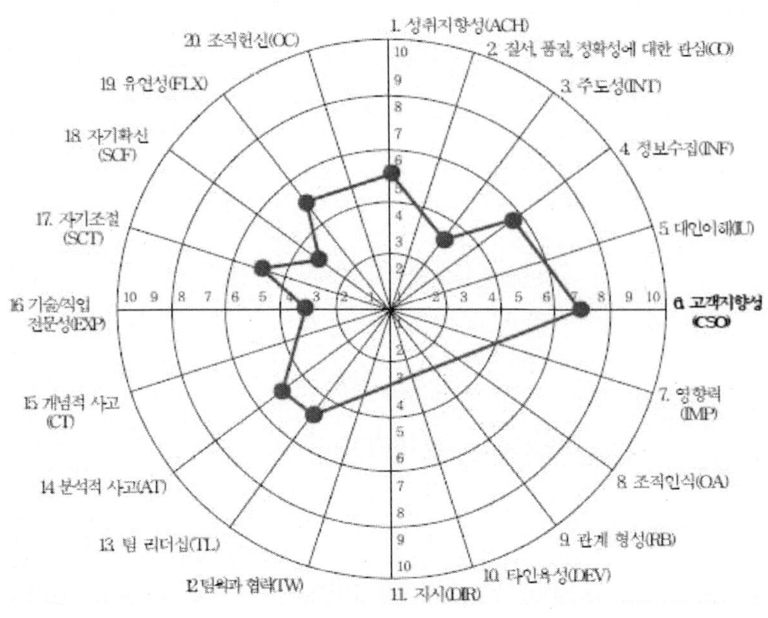

그림 3-13.개인별 주요역량 현황(사례 4)

⑤ 관계 형성 역량(RB) 사례

ㅇ 관계 형성 역량(RB)의 경우 관계의 친밀성 정도(A) 부문은 역량행동의 척도수준 이『A. 1 ～ A. 8』단계로 구성되어 있으며, 본 연구의 역량행동 최고수준은 "A. 4 : 라포(rapport)를 형성한다"에 성공농업인이 5回의 빈도를 보였다.

<사례내용>

※ 강사분은 별도로 우리가 정범윤씨를 초빙하고 있습니다. 그 분하고 저하고 30년 호형호제 하는 사이입니다. (사례 5)

ㅇ 사례者의 역량행동 척도수준을 점수(10점 기준)로 환산한 역량현황

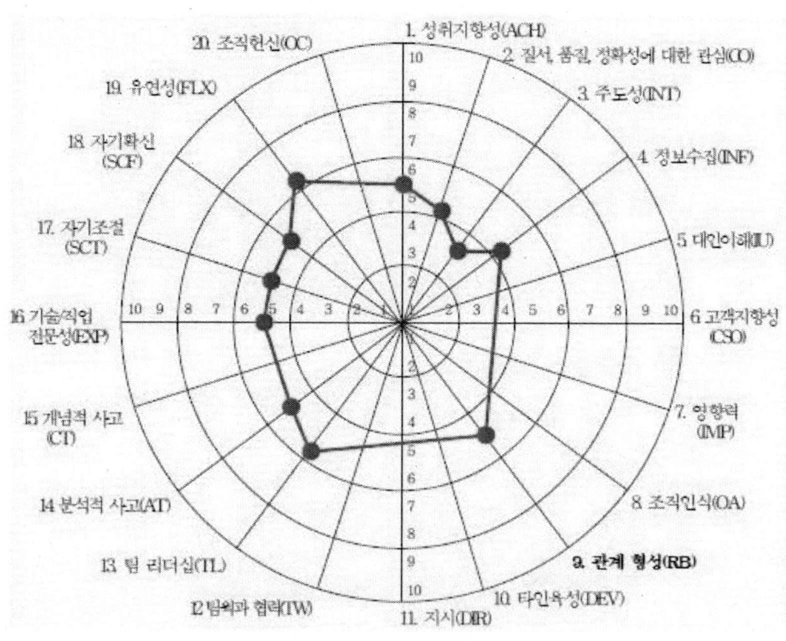

그림 3-14.개인별 주요역량 현황(사례 5)

⑥ 분석적 사고 역량(AT) 사례

ㅇ 분석적 사고 역량(AT)의 경우 분석의 복합성(A) 부문은 역량행동의 척도수준이『A. 1 ∼ A. 6』단계로 구성되어 있으며, 본 연구의 역량행동 최고수준은 "A. 4 : 복합적인 계획을 세우거나 분석한다"에 성공농업인이 1回의 빈도를 보였다.

<사례내용>

※ 저도 나름대로 제 집사람이 한다 그래서 처음부터 제가 뛰어 들었던 건 당연히 아니죠. 몇 년 동안 저도 가능성을 봤거든요. 그러니까 어떻게 보면 신세계 백화점 본점에다 했던 것도 나름대로는 그래도 이 정도면 가능성이 있다. 경쟁력이 있다고 본 거죠. (사례 6)

ㅇ 사례者의 역량행동 척도수준을 점수(10점 기준)로 환산한 역량현황

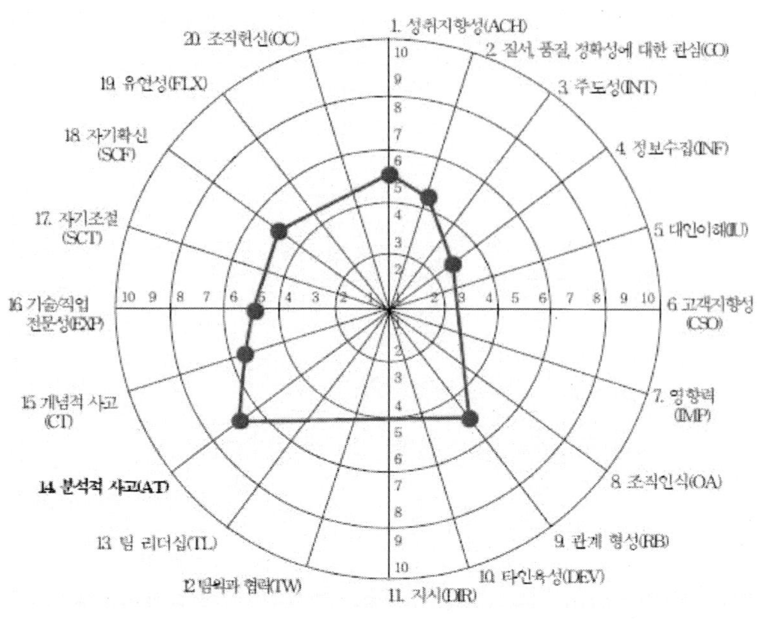

그림 3-15.개인별 주요역량 현황(사례 6)

⑦ 기술적/직업적/관리적 전문성 역량(EXP) 사례

ㅇ 기술적/직업적/관리적 전문성 역량(EXP)의 경우 지식의 심도(A) 부문은 역량행동의 척도수준이『A. 1 ~ A. 8』단계로 구성되어 있으며, 본 연구의 역량행동 최고수준은 "A. 6 : 노련한 전문가"에 성공농업인이 2回의 빈도를 보였다.

<사례내용>

※ 설계회사 하시는 분들 또 대학교수님들, 관공서에 녹지과 과장님들 뭐 이런 분들이 이 날은 오는 거 에요. 그래서 이 날은 제가 강의하는 날 입니다. 이 분들 모셔 놓고 제가 우리 식물이 어떻고 어떻게 조경을 해야 되고 이런 걸 강의를 해요. 왜냐 하면 교수님들 앞에서도 그게 왜 통하나 하면 우리나라에 이런 걸 공부하신 분들이 많지 않아요. (사례 7)

ㅇ 사례者의 역량행동 척도수준을 점수(10점 기준)로 환산한 역량현황

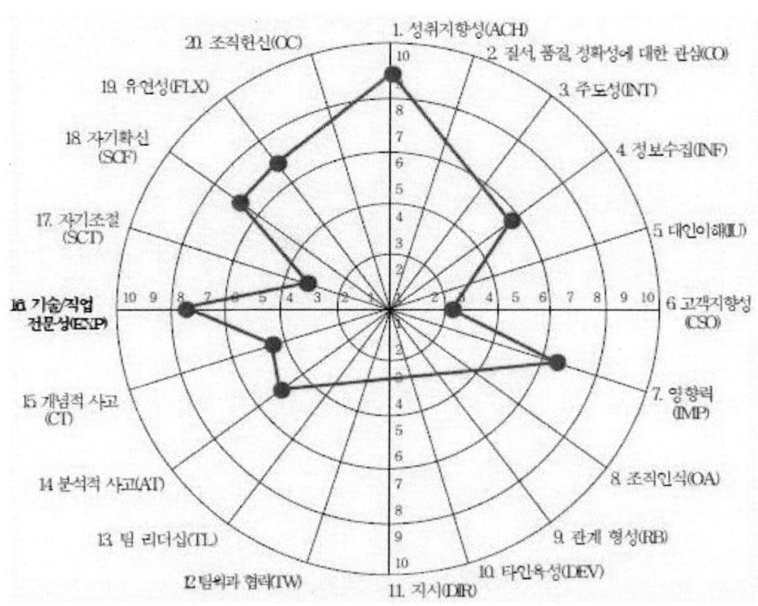

그림 3-16.개인별 주요역량 현황(사례 7)

⑧ 자기 확신 역량(SCF) 사례

ㅇ 자기 확신 역량(SCF)의 경우 자기 확신(A) 부문은 역량행동의 척도수준이『A. 1 ～ A. 6』단계로 구성되어 있으며, 본 연구의 역량행동 최고수준은 "A. 6 : 자신을 지극히 도전적인 상황으로 내던진다"에 성공농업인이 1回의 빈도를 보였다.

<사례 내용>

※ 계란노른자를 진하게 하는 색소를 먹여서 색깔을 진하게 해 달라고 합니다. 지금 시중에 유통되고 있는 계란들이 아무리 좋아도 저는 NO입니다. 저는 알 한 톨 못 팔아도 그 짓은 못합니다. 노른자 색깔 진하게 하는 그 약 못 먹입니다. (사례 8)

ㅇ 사례番의 역량행동 척도수준을 점수(10점 기준)로 환산한 역량현황

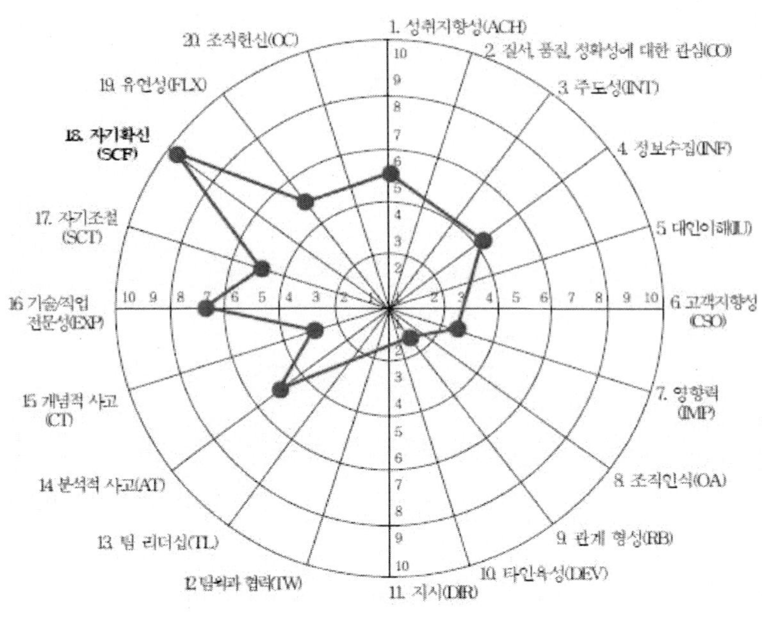

그림 3-17.개인별 주요역량 현황(사례 8)

⑨ 유연성 역량(FLX) 사례

ㅇ 유연성 역량(FLX)의 경우 변화의 폭(A) 부문은 역량행동의 척도수준이『A. 1 ~ A. 6』단계로 구성되어 있으며, 본 연구의 역량행동 최고수준은 "A. 4 : 자신의 장기적 전략, 목표, 혹은 프로젝트를 상황에 맞게 조정한다"에 성공농업인이 9回의 빈도를 보였다.

<사례내용>

※ 김치냉장고가 나오고 하니까 배추농사가 안 되겠다 하는 생각이 들었지요. 여지 껏 배추만 해도 먹고 살았는데 사과를 해 가지고 내가 더 고생해서 뭐 하겠나 이런 생각과 고심을 많이 했어요. 품목 전환하기에 무척 고민을 했습니다. (사례 9)

ㅇ 사례者의 역량행동 척도수준을 점수(10점 기준)로 환산한 역량현황

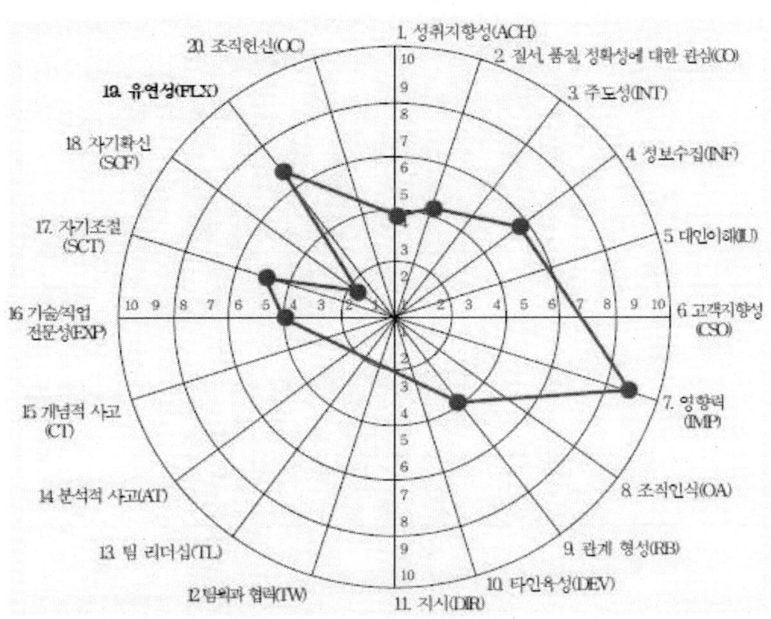

그림 3-18.개인별 주요역량 현황(사례 9)

7) 핵심역량 도출

(1) 농업인 역량별 차이 분석

□ 성공농업인 33명과 평균농업인 23명의 연구표본에 대한 역량점수(척도수준×역량빈도)를 부여하여 20개 역량과 각 역량별 척도수준에서 분석한 결과, 농업인별(성공농업인, 평균농업인) 및 역량별(20개 역량)로 다음 표 및 그림과 같은 점수 차이를 분석할 수 있었다.

표 3-13. 농업인 역량점수 현황

역 량 명	평균 농업인	성공 농업인	역 량 명	평균 농업인	성공 농업인
1.성취 지향성 역량(ACH)	43	346	11. 지시 역량(DIR)	-	6
2. 질서, 품질, 정확성에 대한 관심 역량(CO)	53	125	12. 팀웍과 협력 역량(TW)	4	19
3 주도성 역량(INT)	3	49	13. 팀 리더십 역량(TL)	-	14
4. 정보 수집 역량(INF)	22	120	14.분석적 사고 역량(AT)	18	.81
5. 대인 이해 역량(IU)	-	2	15. 개념적 사고 역량(CT)	5	52
6.고객 지향성 역량(CSO)	2	73	16. 기술적/직업적/관리적 전문성 역량(EXP)	20	189
7. 영향력 역량(IMP)	-	67	17. 자기 조절 역량(SCT)	15	70
8. 조직인식 역량(OA)	2	6	18. 자기 확신 역량(SCF)	28	171
9. 관계 형성 역량(RB)	39	96	19. 유연성 역량(FLX)	3	112
10. 타인 육성 역량(DEV)	-	38	20. 조직 현신 역량(OC)	-	11

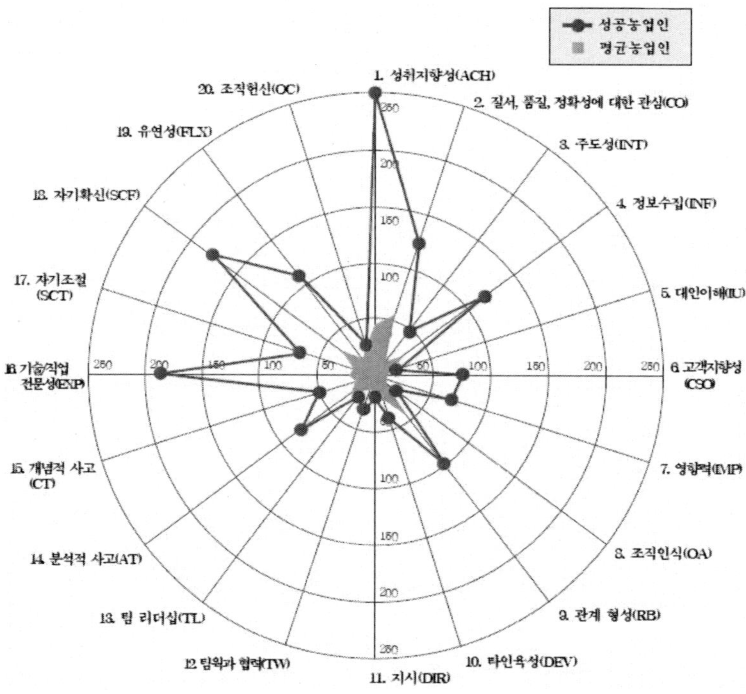

그림 3-19.농업인 역량점수 현황

역 량	역량점수(척도×빈도)	
	평균농업인	성공농업인
Ⅰ. 성취와 행동 역량군		
1.성취 지향성 역량(ACH)	43	346
A ☞ 성취를 향한 행동의 강도와 완결성	(43)	(346)
A. 1 주어진 직무를 잘 하려는 욕구를 가진다	17	18
A. 2 규정된 기준에 도달하려고 노력한다	22	18
A. 3 성취를 평가하는 기준을 나름대로 설정한다		45
A. 4 수행을 개선한다	4	200
A. 5 도전적 목표를 세운다		15
A. 6 비용 - 이익 분석을 한다		36
A. 7 계산된 기업가적 모험을 한다		14
B ☞파급 효과(A 점수가 3점 이상일 경우)	(1)	(105)
B. 1 개인적 수행	1	59
B. 2 한 두 명에게 영향을 미친다		10
B. 3 업무 집단(4-15명)에 영향을 미친다		27
B. 4 한 부서 (15명 이상)에 영향을 미친다		4
B. 5 중소 규모의 기업에 영향을 미친다		5
C ☞ 혁신의 정도(A 점수가 3점 이상일 경우)	(2)	(111)
C. 2 직무나 부문에서 혁신을 시도한다	2	104
C. 3 조직 차원에서 혁신을 시도한다		3
C. 4 업계에서 혁신을 시도한다		4
2. 질서, 품질, 정확성에 대한 관심 역량(CO)	53	125
1 업무 공간을 정돈한다	2	
2 질서와 명확성에 대해 일반적인 관심을 보인다	42	16
3 자신의 업무를 점검한다	9	93
4 타인의 업무를 점검한다		16
3. 주도성 역량(INT)	3	49
A ☞ 시간차원	(3)	(49)
A. 1 끈기를 발휘한다	3	
A. 2 당면한 기회나 문제를 처리한다		10
A. 3 위기에 지면해서 단호한 입장을 취한다		27
A. 4 2개월 앞을 내다보고 행동을 개시한다		4
A. 8 5년 내지 10년 앞을 예상하고 행동을 취한다		8
B ☞ 자기 동기화, 자발적인 노력의 정도	(4)	(38)

B. 1 일을 독자적으로 한다	2	
B. 2 가외의 노력을 한다	2	24
B. 3 요구된 업무 이상을 한다		6
B. 4 요구된 업무보다 훨씬 많은 것을 한다		8
4. 정보 수집 역량(INF)	**22**	**120**
1 질문을 한다	4	2
2 개인적으로 직접 조사한다	18	24
3 심층적으 탐색한다		18
4 타인을 방문한다		76
Ⅱ. 대인 서비스 역량군		
5. 대인 이해 역량(IU)	-	**2**
A ☞ 대인 이해의 심도		(2)
A. 2 감정과 진의를 모두 파악하고 있다		2
B ☞ 경청과 반응		(2)
B. 2 적극적으로 경청 기회를 찾는다		2
6. 고객 지향성 역량(CSO)	**2**	**73**
A ☞ 고객 욕구 중시	(2)	(73)
A. 1 후속 조치를 취한다		2
A. 2 상호 기대 사항에 대해 지속적으로 의사 소통한다	2	32
A. 3 개인적으로 책임을 진다		3
A. 4 언제든 고객요구에 대응할 수 있는 준비를 갖추고 있다		8
A. 5 일이 더 잘 되도록 행동을 취한다		10
A. 6 근본적인 욕구를 중시한다		18
B ☞ 주도적으로 타인에게 도움과 서비스 제공	(2)	(52)
B. 1 일상적이거나 꼭 필요한 행동을 취한다		4
B. 2 일상적인 조치 이상의 도움을 제공한다	2	36
B. 3 상대방 욕구충족을 위해 상당한 추가 노력을 한다		12
Ⅲ. 영향력 역량군		
7. 영향력 역량(IMP)	-	**67**
A ☞ 타인에게 영향력을 행사하려는 의도를 가진 행동		(67)
A. 1 의도는 있지만 구체적인 행동을 취하지 않는다		1
A. 2 설득을 위해 한 가지 행동만을 취한다		4
A. 4 행동이나 말의 영향을 미리 고려한다		8
A. 5 극적인 행동을 고려한다		5
A. 7 세가지 행동을 취하거나 간접적인 영향력을 행사한다		49
B ☞ 영향력, 이해, 네트워크의 범위		(52)

B. 2 업무 단위 또는 프로젝트 팀		10
B. 3 부서		9
B. 6 시 행정부, 시 정치 조직, 시 전문 조직		12
B. 7 주 정부, 주 정치 조직, 주 전문 조직		21
8. 조직인식 역량(OA)	**2**	**6**
A ☞ 조직에 대한 이해의 깊이	(2)	6
A. 1 공식적인 구조를 이해한다	2	3
A. 3 풍토와 문화를 이해한다		3
B ☞ 조직 인식의 범위	(7)	(13)
B. 2 업무 단위 또는 프로젝트 팀		2
B. 3 부서	3	3
B. 4 사업 본부, 중소 기업의 경우는 전체	4	8
9. 관계 형성 역량 (RB)	**39**	**96**
A ☞ 관계의 친밀성 정도	(39)	(96)
A. 1 초대를 수용한다		1
A. 2 업무상의 접촉을 한다	24	42
A. 3 때로 격의 없는 접촉을 한다	15	33
A. 4 라포(rapport)를 형성한다		20
B ☞ 관계 형성의 범위	(31)	(67)
B. 1 한사람	3	11
B. 2 업무 단위 또는 프로젝트 팀	28	50
B. 3 부서		6

Ⅳ. 관리 역량군

10. 타인 육성 역량(DEV)	**-**	**38**
A ☞ 타인을 육성하려는 성향의 강도 및 육성 행위 완성도		(38)
A. 1 타인에 대해 긍정적인 기대감을 표시한다		1
A. 2 상세한 지시를 내리거나 현장에서 시범을 보여준다		6
A. 3 이유를 제시하거나 그 밖의 지원을 제공한다		9
A. 4 타인을 육성할 목적으로 구체적 피트백을 제공한다		4
A. 6 장기적 관점에서 코치하거나 훈련을 시킨다		18
B ☞ 육성한 사람들의 수와 그들의 지위		(20)
B. 1 한 명의 부하 직원		3
B. 2 여러 명의 부하 직원		14
B. 3 다수의 부하직원	-	3
11. 지시 역량(DIR)		**6**
A ☞ 지시의 강도		(6)
A. 2 상세하게 지시를 내린다		6

B ☞ 지시의 범위와 그들의 지위		(7)
B. 2 여러 명의 부하 직원		4
B. 3 다수의 부하직원		3
12. 팀웍과 협력 역량 (TW)	**4**	**19**
A ☞ 팀웍 조성의 강도	(4)	(19)
A. 1 협조적		1
A. 2 정보를 공유한다	4	12
A. 3 긍정적인 기대감을 표시한다		6
B ☞ 해당 팀의 규모	(4)	(13)
B. 1 3명~8명으로 구성된 소규모의 비공식적 집단	1	7
B. 3 기존 작업 집단 또는 소규모의 부서	3	6
C ☞ 팀웍을 조성하기 위한 노력이나 주도성의 정도	(2)	(10)
C. 1 일상적인 노력 이상의 조치를 취한다	2	8
C. 2 일상적인 수준보다 훨씬 많은 조취를 취한다		2
13. 팀 리더십 역량(TL)	-	**14**
A ☞ 리더십 역량의 강도		(14)
A. 2 정보를 제공한다		4
A. 3 권한을 공정하게 사용한다		6
A. 4 팀의 효과를 높인다		4
B ☞ 해당 팀의 규모		(15)
B. 2 태스크 포스나 임시 편성 팀		2
B. 3 기존 작업 집단 또는 소규모의 부서		9
B. 4 대규모의 부서 전체		4
C ☞ 리더십을 조성하기 위한 노력이나 주도성의 정도		(8)
C. 1 일상적인 노력 이상의 조치를 취한다		3
C. 2 일상적인 수준보다 훨씬 많은 조치를 취한다		2
C. 3 엄청난 노력을 기울인다		3
V. 인지 역량군		
14. 분석적 사고 역량(AT)	**18**	**81**
A ☞ 분석의 복합성	(18)	(81)
A. 1 문제 분석	4	
A. 2 기본적인 관계를 파악한다	14	38
A. 3 다각적인 관계를 파악한다		39
A. 4 복합적인 계획을 세우거나 분석한다		4
B ☞ 문제의 규모	(20)	(66)
B. 1 한 사람 내지 두 사람의 업무 수행에 관심	3	11
B. 2 소규모 단위 부서의 성과에 관심	14	22
B. 3 현안 문제	3	33

15. 개념적 사고 역량(CT)	5	52
A ☞ 개념의 복합성과 독창성 수준	(5)	(52)
A. 1 기본적인 규칙을 사용한다	1	
A. 2 패턴을 인식한다	4	42
A. 3 복잡한 개념을 응용한다		6
A. 4 복잡한 것을 단순화시킨다		4
B ☞ 개념적 사고의 범위	(4)	(59)
B. 1 한 사람 내지 두 사람의 업무 수행에 관심	2	2
B. 2 소규모 단위 부서의 성과에 관심	2	20
B. 3 현안 문제		33
B. 4 전체적인 업무 성과를 고려한다		4
16. 기술적/직업적/관리적 전문성 역량(EXP)	20	189
A ☞ 지식의 심도	(4)	(112)
A. 2 기초지식		2
A. 3 직업적 지식		6
A. 4 향상된 직업적 지식	4	32
A. 5 초보적인 전문가		60
A. 6 노련한 전문가		12
B ☞ 관리적 전문성의 범위	(2)	(10)
B. 2 동질적인 직무 단위/기능	2	10
C ☞ 전문성의 습득	(14)	(45)
C. 1 최신의 기술 지식을 유지한다	8	11
C. 2 지식의 기반을 확대한다	6	28
C. 3 새로운 지식 혹은 다른 종류의 지식을 획득한다		6
D ☞ 전문성의 전파		(22)
D. 1 질문에 답해 주는 수준		3
D. 2 기술 지식을 응용해서 부가적인 영향을 준다		12
D. 3 기술적인 도움을 제공한다		3
D. 4 새로운 기술을 옹호하고 보급한다		4
VI. 개인 효과성 역량군		
17. 자기 조절 역량(SCT)	15	70
1 유혹을 물리친다		2
2 감정을 조절한다	8	4
3 침착하게 대처한다	3	54
4 효과적으로 스트레스를 관리한다	4	
5 건설적으로 대응한다		10
18. 자기 확신 역량(SCF)	28	171
A ☞ 자기 확신	(23)	(161)
A. 1 자신을 자신 있게 드러낸다	21	25

A. 2 자신을 설득력 있게 또는 인상적으로 드러낸다	2	76
A. 3 자신의 능력에 대해 확신을 표시한다		42
A. 4 확신에 찬 주장을 정당화한다		12
A. 6 자신을 지극히 도전적인 상황으로 내던진다		6
B ☞ 실패에 대한 대처	(5)	(10)
B. 1 책임을 인정한다	1	4
B. 2 실수에서 교훈을 얻는다	4	6
19. 유연성 역량(FLX)	**3**	**112**
A ☞ 변화의 폭	(3)	(112)
A. 1 상황을 객관적으로 본다		1
A. 3 상황이나 타인의 반응에 맞춰 자신의 단기 전략을 조절한다	3	75
A. 4 자신의 장기적 전략, 목표, 혹은 프로젝트를 상황에 맞게 조정한다		36
B ☞ 행동의 속도	(1)	(41)
B. 1 사전 검토 및 계획을 거친 장기적 변화	1	30
B. 2 단기적 계획을 거친 변화		8
B. 3 급속한 변화		3
20. 조직 헌신 역량(OC)	-	**11**
2 "조직원의 행동 양식"의 모범을 보인다		4
3 목적의식 - 조직에 대한 헌신이 명백히 드러나는 수준		3
4 개인적인 또는 직업적인 희생을 감수한다		4

(2) 핵심역량 도출

□ 성공농업인 33명과 평균농업인 23명의 연구표본에 대한 역량빈도, 빈도경향, 최고수준 사례, 역량점수 차이 등을 20개 역량과 각 역량별 척도수준에서 분석한 결과를 종합적으로 고려하여 성공농업인과 평균농업인 사이에서 중요한 역량의 차이가 발생하는 9개 역량을『성공농업인 핵심역량』으로 도출하였다.

표 3-15. 성공농업인 핵심역량 현황

핵 심 역 량	분석빈도	역량점수	최고수준	척도단계
성취 지향성(ACH)	103回	346점	A. 7	A. 1~A. 8
기술적/직업적/관리적 전문성(EXP)	68回	189점	A. 6	A. 1~A. 8
자기확신(SCF)	88回	171점	A. 6	A. 1~A. 6
질서,품질, 정확성에 대한 관심(CO)	43回	125점	4	1~7
정보수집(INF)	39回	120점	4	1~7
유연성(FLX)	35回	112점	A. 4	A. 1~A. 6
관계형성(RB)	38回	96점	A. 4	A. 1~A. 8
분석적 사고(AT)	33回	81점	A. 4	A. 1~A. 6
고객 지향성(CSO)	26回	73점	A. 6	A. 1~A. 9

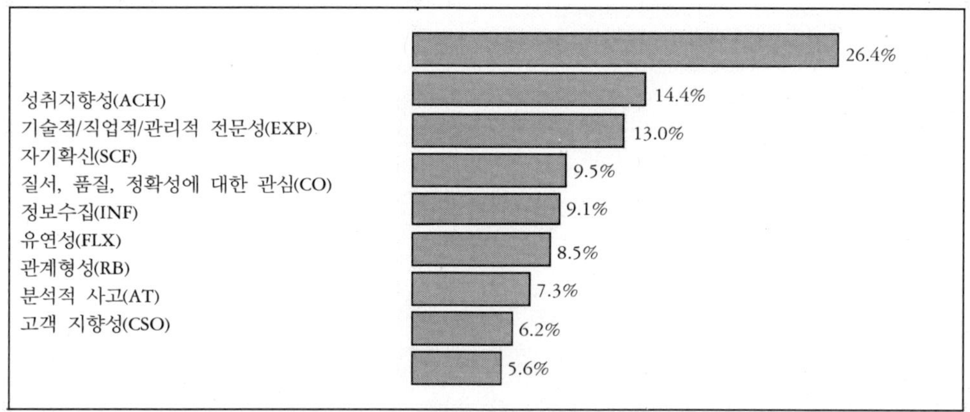

그림 3-20. 성공농업인 핵심역량 점수 구성비

□ 성공농업인 핵심역량은 "Lyle M. Spencer"가 밝힌『역량의 5가지유형』에 따라 동기(Motives), 특질(Traits), 자기개념(Self-concept), 지식(Knowledge), 기술(Skill) 역량으로 구분할 수 있으며 다음과 같은 역량간의 관계 구조를 가지고 있다.

표 3-16. 성공농업인 핵심역량 유형

역량유형	핵 심 역 량	비 고
동 기 (Motives)	성취 지향성(ACH)	
특 질 (Traits)	질서, 품질, 정확성에 대한 관심(CO)	내면적 특성
자기개념 (Self-concept)	자기확신(SCF), 유연성(FLX), 관계형성(RB), 고객 지향성(CSO)	
지 식 (Knowledge)	기술적/직업적/관리적 전문성(EXP), 정보수집(INF)	표면적 특성
기 술 (Skill)	분석적 사고 (AT)	

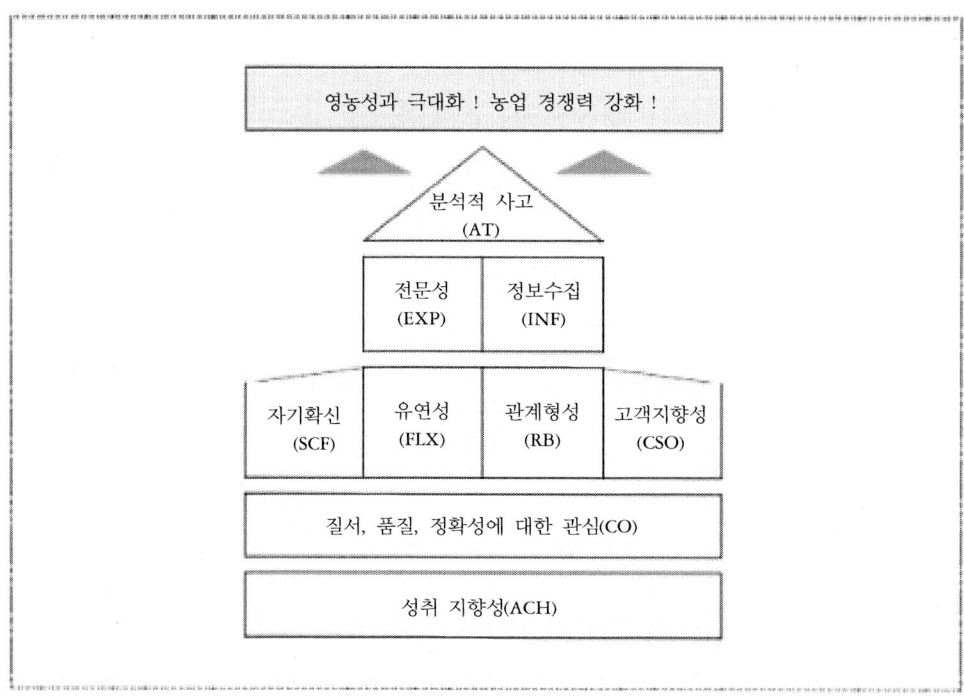

그림 3-21. 성공농업인 핵심역량 구조도

2. 성공농업인 실천사례

1) 현명농장 (이윤현)

○ 농장개요

대표자명	이윤현
농 장 명	현명농장
주　　소	경기 화성시 비봉면 구포리 967
전화번호	031-356-0046
주요생산품	배
규모 및 매출	시설 72.700㎡, 연간매출 650백만원

○ 주요 경영 현황

농장 특징	□ 서울에서 30~40분 거리에 위치하고 있어 유통, 소비자 관리 등이 편리 □ 평지에 위치해 있어 배 재배에 알맞으며, 2001년부터는 재배자, 환경, 소비자 등 모두를 위해 친환경재배(무농약)은 실시 □ 비파괴선별시설, 방조망, 덕시설, 관수시설, 저온 저장고 등의 시설을 갖추고 있음
경영 현황	□ 농업식(친환경농업인증) 재배방법으로 재배하고 있으며, 모든 영양제와 퇴비를 직접 만들어 관주하고 있음 □ 전자동 비파괴 선별기로 엄선하여 박스제함기, 자동 테이핑기, 자동 벤딩기 등의 자동화시스템으로 선별, 포장하고 있음 □ 34년간 현명농장이라는 브랜드를 사용해 왔음
인증	□ 신지식농업인 인증서 154 □ 지자체별 인증서 경기도 03-202-050

○ 주요 생산품(배)　　　　　　　　○ 농장사진

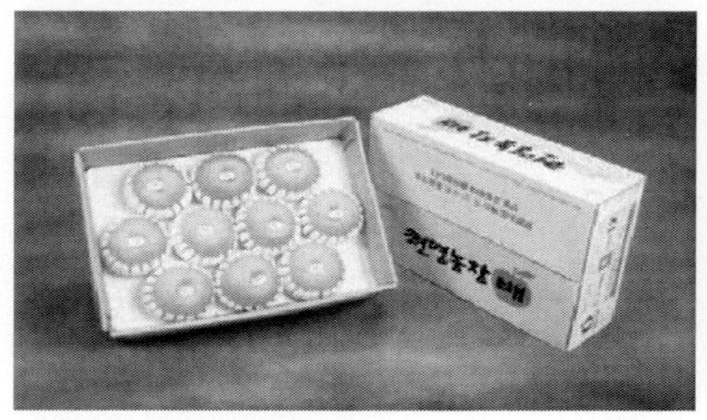 

2) 사랑의 농원 (이상기)

○ 농장개요

대표자명	이상기
농 장 명	사랑의 농원
주 소	충북 충주시 가금면 하구암리 294-1
전화번호	043-855-8996
주요생산품	과수(복숭아, 배)
규모 및 매출	시설 26,446㎡

○ 주요 경영 현황

농장 특징	□ 중산간 지역에 위치해 일교차가 커서 복숭아와 배의 당도가 높음 □ 새 방재시설을 갖추고 있음 □ 농장이 중산간 지역에 위치하고 완만한 경사로 작업이 용이함
경영 현황	□ 복숭아는 저장하지 않고, 수확 후 바로 출하함 □ 수확 후 저온저장고에 보관 과일의 상태를 매일 확인체크 상황은 소비자가 원하는 시기에 판매하고 비품은 배즙으로 가공하여 판매함 □ 과일에 게르마늄 성분이 함유된 가능성 과일 생산, 당도, 맛이 좋음

<table>
<tr><td>○ 주요 생산품(과일즙, 배즙)</td><td>○ 농장사진</td></tr>
<tr><td></td><td></td></tr>
</table>

3) 보람농장 (조성국)

○ 농장개요

대표자명	조성국
농 장 명	보람농장
주　　　소	전북 남원시 주생면 내동리 519-2
전화번호	063-631-8822
주요생산품	배
규모 및 매출	과수원 21,778㎡, 연간매출 95백만원

○ 주요 경영 현황

농장 특징	□ 생선 아미노산 액비 엽면시비로 색택증진 당도향상: 5회/년 □ 남원 지역은 구릉 형태의 산지를 이루는 데다 유기질이 많은 사양토에서 재배함 □ 98년 캐나다 "배"수출단지 지정 농가임(GAP인증)
경영 현황	□ 자주지형을 측지형으로 전환 수형구성 당도 착색 증진을 위한 미생물, 아미노산, 천혜녹즙 자가 제조 살포 □ 결실향상 및 정형과 생산을 위한 인공수분실시, 영양제 자가 제조 살포로 당도 증진 □ 자연농업 및 미생물, 영양제 자가제조로 작물영양균형
인증	□ 친환경농산물 인증서 14-05-4-6

○ 주요 생산품(배)　　　　　　　　　　○ 농장사진

4) 밤송농원 (신광현)

○ 농장개요

대표자명	신광현
농 장 명	밤송농원
주　　소	경기 가평군 상면 율길리 549-7
전화번호	031-585-0393
주요생산품	포도
규모 및 매출	과수원 19,715㎡, 연간매출 52백만원

○ 주요 경영 현황

농장 특징	□ 질 좋은 포도를 생산하기 위해 토양과 작물에 맞춤형 유기질 퇴비 및 작물영장제를 이용하여 유기 농산물 생산 □ 비가림 포도재배로 산성비를 차단하여 깨끗하고 신선한 포도 생산 □ 풍부한 일조량과 맑은 물, 밤낮의 심한 일교차로 포도재배에 적합한 환경
경영 현황	□ 친환경재배에 쓰이는 자연발효 유기 퇴비 원료 등은 농장 자체적으로 생산하여 사용 □ 수확한 포도는 엄격한 선별과정을 통해 판매됨 □ 자체캐릭터를 포장지에 부착하여 차별화를 강조
인증	□ 친환경 전환기유농산물인증(5-2-2)

○ 주요 생산품(비가림 포도)　　　　　　　○ 농장사진

5) 쌍곡농원 (임월순)

○ 농장개요

대표자명	임월순
농 장 명	쌍곡농원
주 소	충북 괴산군 청천면 부성리 107
전화번호	043-832-0159
주요생산품	과수
규모 및 매출	과수원 24,793㎡, 연간매출 54백만원

○ 주요 경영 현황

농장 특징	□ 쌍곡농원은 과수원 24,793㎡에 사과 30톤을 친환경 저농약 　인증을 받아 생산하고 있음 □ 농장이 위치한 곳은 해발 250m의 중산간지로 일조량이 풍부하며, 깨끗한 물과 맑은 공기, 기름진 토양으로 사과재배에 적지임 □ 자연자재를 혼합하여 자체 제조한 한방영양제로 친환경 재배를 실천하고 있음
경영 현황	□ 사과는 맛도 중요하지만 우선 눈으로 보기에 색깔이 생명이기때문에 색깔을 세분화하여 선별함 □ 인터넷, 전화, 고객방문 등의 홍보가 이루어지고 있으며 광고 비용은 연간 50만원임 □ 신상품 출하시 각 지역대표에게 선물 겸 샘플로 1상자씩 배송
인증	□ 친환경농산물 인증서(12-09-4-22)

○ 주요 생산품(과수)　　　　　　　　　○ 농장사진

6) 여송농장 (이상권)

○ 농장개요

대표자명	이상권
농 장 명	여송농장
주 소	충북 괴산군 청천면 신월리 247
전화번호	043-833-1733
주요생산품	쌀, 고추
규모 및 매출	논 19,834㎡, 연간매출 29백만원

○ 주요 경영 현황

농장 특징	□ 속리산 자락 해발 450m에서 벼, 옥수수, 고추농사를 하고 있음 □ 우렁이 농법을 이용해 친환경 쌀(무농약 인증 12-09-3-25)을 생산하고 있음 □ 트랙터, 승용이앙기, 트럭(1t), 건조기, 창고, 비닐하우스
경영 현황	□ 소비자 주문시 마다 대한통운택배를 이용해 쌀을 배송하고 있음 □ 친환경 쇼핑몰에 입점 : 자연몰 □ 전년도 소비자 및 지인들을 대상으로 지속적으로 마케팅하고 리콜제를 시행하고 있음
인증	□ 친환경농산물 인증서 (12-09-3-25) □ 국립농산물품질관리원(12-09-1-07)

○ 주요 생산품(쌀)	○ 농장사진

7) 나경농장 (오춘식)

○ 농장개요

대표자명	오춘식
농 장 명	나경농산
주 소	충북 청원군 옥산면 소로리 397-2
전화번호	043-218-1105
주요생산품	특작(느타리버섯)
규모 및 매출	시설 1,983㎡, 연간매출 250백만원

○ 주요 경영 현황

농장 특징	□ 버섯 재배시 친환경 자동화 시설 보유함 □ 경부고속도로 청주 IC, 중부 오창 IC, 서청주, IC에서 5∼15분 거리에 위치해 있으며, 전국 어디 든 신속하게 이동이 가능해 버섯의 신선도 유지에 도움 □ 온도 유지로 고품질 버섯을 생산하고 있음
경영 현황	□ 신선도 유지를 위해 예냉 처리함 □ 청원 생명 브랜드를 사용하고 있음 □ 행정기관 연계 버섯 홍보 개최(시식회 등)
인증	□ 친환경농산물 인증서 (12-04-3-89)

○ 주요 생산품(느타리버섯)   ○ 농장사진

8) 쇠북농원 (이종범)

○ 농장개요

대표자명	이종범
농 장 명	쇠북농원
주 소	충북 충주시 연수동 267-1
전화번호	043-847-7793
주요생산품	과수
규모 및 매출	과수원 16,529㎡, 연간매출 80백만원

○ 주요 경영 현황

농장 특징	□ 자연환경이 사과개재에 적합함 □ 일교차가 심하여 맛과 품질이 우수함 □ 사과 생산에 적합한 토양임
경영 현황	□ 포장재를 공동 구매하여 사용함 □ 사각사과(사과모양이 네모) 특허, 상표 등록 □ 전단지, 스티커(사과)부착, 일반사과와 차별화 낱개포장, 3개 포장, 24개 포장, 72개 포장
인증	□ 친환경농산물 인증서 (제 12-02-4-40) □ 신지식농업인 인증서 (제 0540593) □ 농산물이력추적관리 (제 00520) □ 지자체별 인증서 대학사과상표등록(제 0614301)

○ 주요 생산품(사과)   ○ 농장사진

9) 상보안 농원 (최낙천)

○ 농장개요

대표자명	최낙천
농 장 명	상보안농원
주　　소	충북 공주시 계룡면 경천리 605-2
전화번호	041-852-4460
주요생산품	과수(사과,배)
규모 및 매출	과수원 15,537㎡, 연간매출 80백만원

○ 주요 경영 현황

농장 특징	□ 계룡산 국립공원 근교의 평지에 위치해 있음 □ 작업이 편리함 □ 덕 시설과 관수시설 갖춤
경영 현황	□ "이지팜"이라는 공주사이버장터의 최낙천 소유의 브랜드명 사용 □ 직접 소비자와 접촉 시식과 안전성 강조함 □ 홈페이지를 이용해 소비자와 직거래를 하고 있으며, 사후관리에 유리함
인증	□ 친환경농산물 인증서 (제 13-02-4-34) □ 기타 인증서 (ISO9001 K1050.03)

○ 주요 생산품(사과,배)　　　　　　　　　○ 농장사진

10) 풀빛농장 (김재곤)

○ 농장개요

대표자명	김재곤
농 장 명	풀빛농장
주 소	충남 아산시 영인면 성내리 583-10
전화번호	041-544-5912
주요생산품	과수, 중소가축
규모 및 매출	과수원 9,917㎡, 기타 14,876㎡ 연간매출 26백만원

○ 주요 경영 현황

농장 특징	□ 풀빛농장은 물 좋고, 공기 좋은 충남 아산시 영인면에 위치 □ 평덕 시설 및 자동관수 시설을 보유함 □ 낮과 밤의 기온차가 많아 과일의 당도가 높으며 생산하는 배, 대추, 고구마, 토마토, 사과 등 모두 맛이 뛰어남
경영 현황	□ 생산되는 배는 주로 미국에 매년 70% 수출을 하였으며, 나머지는 국내시판 함 □ 배나무를 도시민에게 연간 계약 분양하여 배속기, 봉지싸기 등의 체험행사를 실시함 □ 홈페이지를 통한 농장 알리기 및 농산물 판매망 구축
인증	□ 2006년 농업경영정보화리더과정(농업연수원)

○ 주요 생산품(중소가축,배)　　　　　　　　○ 농장사진

11) 신건승농장 (신건승)

○ 농장개요

대표자명	신건승
농 장 명	신건승농장
주 소	전북 고창군 무장면 만화리 525-8
전화번호	063-562-1261
주요생산품	수박
규모 및 매출	과수원 59,504㎡, 연간매출 230백만원

○ 주요 경영 현황

농장 특징	□ 고품질 수박재배의 가장 핵심기술은 바람, 공기, 온도, 광량, 수분 등이며, 다년간의 경험에 의하여 재배 □ 염기가 많은 계분과 유기질 비료는 지양하고, 순수 자가퇴비 우분과 유기물을 이용 조제 생산 □ 고품질 수박생산을 위해 착과 후 여름철 온도는 고온이 되지 않고 최저 온도로 관리함
경영 현황	□ 서울 청과상 전체를 시장 조사하여 가장 신용도가 높다고 판단 되는 회사에 균일한 고품질 수박을 지속적으로 수탁 판매 □ 토양수분은 점적호스로 70~80% 유지 □ 하우스 주변 고랑을 정비하고, 생육후기에는 부족하기 쉬운 미량요소를 관주 및 엽면시비 하여 생육을 도모
인증	□ 친환경농산물 인증서 14-13-4-16

○ 주요 생산품(수박)	○ 농장사진

12) 시온농장 (윤창호)

○ 농장개요

대표자명	윤창호
농 장 명	시온농장
주　　　소	전북 김제시 백구면 영상리 559-1
전화번호	063-542-4500
주요생산품	배
규모 및 매출	과수원 23,140㎡, 연간매출 130백만원

○ 주요 경영 현황

농장 특징	□ 건조, 가뭄 시에 점적관수 설비로 관수해주고 비가 많이 올때는 암거배수관을 통해 자연 배수 □ 깻묵, 쌀겨 등 농업 부산물을 유기물 퇴비로 사용 □ 지하 암반을 뚫어 관정을 설치하고 스프링클러 시설 설치
경영 현황	□ 재래식 농법으로 토양을 살려, 화학비료 배제하고 유박, 퇴비, 옛날 양송이 퇴비를 사용 □ 1차로 육안선별 후 2차 기계선별을 함으로써 선별의 정확성을 높이고 있음 □ 유기농 재배로 당도가 높고 육질이 단단하며 안전성이 높음
인증	□ 친환경농산물 인증서 14-06-4-13

○ 주요 생산품(배)　　　　　　　　　○ 농장사진

13) 노고치농원 (조장훈)

○ 농장개요

대표자명	조장훈
농 장 명	노고치농원
주　　소	전남 순천시 승주읍 도정리 836
전화번호	061-752-6050
주요생산품	매실, 감
규모 및 매출	밭 256,182㎡, 시설 5,140㎡ 연간매출 9,394백만원

○ 주요 경영 현황

농장 특징	□ 친환경적인 농법으로 호밀을 파종하여 유기물을 보충하고 부직포를 이용하여 제초함 □ 지렁이, 두더지, 귀뚜라미, 각종 곤충이 숨쉬는 땅에서 대규모 매실농장을 관리하고 있어 우수한 품종의 매실을 생산 □ 관수시설의 자동화, 해충 포획기 16대, 액비제조기 등 자동화된 시설을 보유함
경영 현황	□ 감은 곶감으로 제조해 저온저장고에 냉동 영하 28℃에서 저장한 후 연중 출하 □ 우분에 쌀겨, 황토, 미생물을 혼합하여 발효시킨 퇴비를 사용 □ 자운영을 파종하여 손수 제초작업을 실시
인증	□ 친환경농산물 인증서 저농약 15-03-4-20

○ 주요 생산품(매실, 감)

○ 농장사진

14) 남산농원 (박명준)

○ 농장개요

대표자명	박명준
농 장 명	남산농원
주 소	전남 영암군 미암면 남산리 920-1
전화번호	061-473-3510
주요생산품	화훼, 쌀
규모 및 매출	논 966,946㎡, 밭 1,200㎡, 시설 16,995㎡ 연간매출 500백만원

○ 주요 경영 현황

농장 특징	□ 일본 화훼연구기관에서 정한 기준에 맞게 품질관리를 실시하며 대다수 일본으로 수출 □ 토경재배에서 품질관리 철저, 퇴비를 자가생산하고 화학비료는 사용치 않음 □ 서해안 지역으로 해풍과 따뜻한 기후로 고품질 쌀 생산
경영 현황	□ 가족위주의 농장관리가 이루어지고 있으며, 일손이 부족할 때에는 외부 인력으로 충원하여 노동력을 보충함 □ 현대식 자동화 시설 하우스 18,512㎡, 저온창고 66㎡, 지게차 1대, 냉동차 1대, 선별기 등을 갖춤 □ 남산동원은 33,058㎡ 규모에 국화를 재배하여 5억여 원의 소득을 올리고 있음

○ 주요 생산품(화훼, 쌀)	○ 농장사진

15) 보람이 농장 (박병윤)

○ 농장개요

대표자명	박병윤
농 장 명	보람이 농장
주　　소	경북 김천시 조마면 대방리 758
전화번호	054-435-6841
주요생산품	과수(사과)
규모 및 매출	과수원 23,140㎡ 연간매출 90백만원

○ 주요 경영 현황

농장 특징	□ 산가지로써 일교차가 크고 일조량이 적당하며, 토착미생물을 이용하여 친환경적으로 사과를 생산하고 있음 □ 토착미생물, 천연액비와 영양제 자가제조로 고품질 안전한 먹거리 생산 □ 사이버 팜 운영으로 획기적인 유통개선
경영 현황	□ 고객 초청 체험행사로 고객 신뢰도 향상 □ 옥계사과, 보람이 농장 사과 등 브랜드 사과 생산 □ 포장재 재질을 강화하여 운송 시 과실의 파손을 방지하며 주문당일 바로 배송
인증	□ 친환경농산물 인증서 제16-03-4-60 □ 사이버농업경영자 제05가-614

○ 주요 생산품(사과)　　　　　○ 농장사진

16) 울진농원 (전영근)

○ 농장개요

대표자명	전영근
농 장 명	울진농원
주 소	경북 울진군 근남면 산포리 1528-1
전화번호	054-782-3298
주요생산품	특작(누에)
규모 및 매출	밭 16,500㎡, 연간매출 90백만원

○ 주요 경영 현황

농장 특징	□ 농장이 도심과 멀리 떨어져 있어서 친환경적으로 농사를 하기에 좋은 위치를 하고 있음 □ 지리적으로 잎차를 생산하기에 적당한 조건임 □ 오염되지 않은 울진의 산과 바다, 그리고 계곡이 만나는 곳, 왕피천을 배경으로 깨끗하고 아름다운 환경 속에서 키토산으로 친환경 재배
경영 현황	□ 시음회 개최, 체험학습 운영 □ 지역이름을 통한 브랜드를 만들고 있으며, 앞으로도 여러 가지 브랜드를 만들어 판매할 예정임 □ 제품홍보를 위해 국내외적으로 노력하며 그것에 대한 일환으로 샘플 등을 나누어 주어서 입소문으로 홍보를 함
인증	□ 친환경농산물 인증서 무농약 농산물 제16-22-3-86호

○ 주요 생산품(누에)

○ 농장사진

17) 대흥농산 (양항석)

○ 농장개요

대표자명	양항석
농 장 명	대흥농산
주 소	경북 청도군 풍각면 흑석리 175
전화번호	054-373-4157
주요생산품	특작(버섯)
규모 및 매출	시설 66,116㎡

○ 주요 경영 현황

농장 특징	□ 국내 팽이버섯 전체 생산량의 30%를 차지하고 있는 대흥농산의 황소고집 팽이버섯은 첨단 자동 　화 시설로 저장성과 품질을 향상시킴 □ 국내 뿐만 아니라 해외에서도 명품브랜드로 인정받고 있음 □ 최근에는 버섯국수, 버섯분말 등 다양한 가공식품을 개발하여 소비자의 건강을 책임지고 있음
경영 현황	□ 팀장제 현장관리제도 운영 □ 자동포장시설을 갖추고 있어 노동력이 절감됨 □ 자체브랜드 "황소고집" 및 버섯분말, 버섯국수 등의 가공식품 개발
인증	□ 신지식농업인 인증서 제205호 □ 친환경농산물 인증서 제16-10-03-06호 □ 종자업 등록증 제16-2001-40-11호

○ 주요 생산품(버섯)　　　　　　　　　○ 농장사진

18) 유한농원 (한호균)

○ 농장개요

대표자명	한호균
농 장 명	유한농원
주　　　소	경남 거창군 주상면 남산리 1069
전화번호	055-942-6323
주요생산품	과수
규모 및 매출	과수원 19,834㎡, 연간 90백만원

○ 주요 경영 현황

농장 특징	□ 자연재해를 대비하여 덕을 설치하여 관리하고 있음 □ 해발 380m 밤낮의 일교차가 심하여 육질이 단단하고 당도가 높음 □ 점적관수시설로 가뭄에 대비, 저농약, 친환경 약제 살포
경영 현황	□ 원자재 등을 대량으로 주문해 오기 때문에 원가절감의 효과 □ 국립농산물 품질관리원이 저농약 인증 기준에 따라 생산 □ 미생물 등 살아 있는 영양제를 사용하여 생산함으로 안전함
인증	□ 친환경농산물 인증서 제 17-19-04-13호

○ 주요 생산품(사과)

○ 농장사진

19) 선경농원 (양삼용)

○ 농장개요

대표자명	양삼용
농 장 명	선경농원
주　　　소	경남 김해시 대동면 예안리 782
전화번호	055-335-6284
주요생산품	방울토마토
규모 및 매출	논 28,429㎡, 시설 17,851㎡ 연간 270백만원

○ 주요 경영 현황

농장 특징	□ 평야지대로서 시설재배하기 좋은 지형적 요건을 갖춤 □ 기후가 온난하여 팬 타이틀 하우스로 자동화시설이 갖추어 있고 방울토마토를 재배하기에 적합함 □ 대도시 인근에 위치하고 있어 교통이 편리해 생산물 유통 등 이 유리함
경영 현황	□ 1,700평 연동 하우스 3개의 현대화 시설이 갖추어져 있음 □ 본래의 맛을 내기 위해 친환경적으로 재배 □ 작품시기별로 수분공급을 달리함으로써 당도를 향상시킴 □ 생산물의 75%는 일본 수출용이고 천적을 이용한 방제, 주기적으로 농약 잔류검사를 통하여 안전한 농산물 생산

○ 주요 생산품(방울토마토)	○ 농장사진

20) 일진농원 (강승수)

○ 농장개요

대표자명	강승수
농 장 명	일진농원
주 소	경남 사천시 죽림동 777
전화번호	055-834-4683
주요생산품	참다래
규모 및 매출	논 11,900㎡, 밭 1,652㎡, 과수원 19,834㎡, 시설 6,082㎡, 연간 120백만원

○ 주요 경영 현황

농장 특징	□ 친환경 참대래 재배, 자운영과 호맥을 심어 토양유실 방지 □ 농업기술센터에서 토양분석을 의뢰하여 처방전에 따라 시비 □ 석회 및 관주로써 영양원을 공급하여 겨울 전정가지를 퇴비화하기 위해 파쇄기에 절단하여 경운함
경영 현황	□ 수분공급을 위해 관수시설을 완벽히 설치 □ 철저한 적회, 꽃 솎기, 적과를 하여 고품질 상품을 생산 □ 12개 검색엔진에 등록, 키워드 광고함, 전문관리인에 의한 엄격한 제품 선별을 통해 상품을 출고함
인증	□ 친환경농산물 인증서 제17-06-04-21호 □ 기타 인증서 경상남도 추천 상품 제0501086호

○ 주요 생산품(참다래)   ○ 농장사진

21) 한울허브농원 (곽해묵)

○ 농장개요

대표자명	곽해묵
농 장 명	한울허브농원
주 소	대구 동구 미대동 561
전화번호	053-984-7703
주요생산품	채소
규모 및 매출	밭 62,810㎡, 시설 7,272㎡ 연간 1,670백만원

○ 주요 경영 현황

농장 특징	□ 대도시 인근에 위치하고 있어 접근성이 용이함 □ 그린벨트, 상수원보호구역인 청정지역 □ 친환경 농업특구지역에서 친환경순환농법으로 생산한 채소를 10농가와 함께 공동 출하
경영 현황	□ 시설하우스, 고속발효퇴비 및 친환경보육시설과 물류장 구축으로 농산물을 단시간에 소비자에게 전달 가능 □ 체험장이 완비되어 있어 친환경농산물의 홍보 및 학습이 가능 □ 작목반 공동구매 및 국립농산물품질관리원의 포장재 지원으로 경비절감
인증	□ 친환경농산물 인증서 제03-00-03-02호 □ 친환경농산물 인증서 제03-00-01-03호 □ 신지식농업인 인증서 제 246호

○ 주요 생산품(채소)   ○ 농장사진

22) 최남단체험감귤농장 (오창학)

○ 농장개요

대표자명	오창학
농 장 명	최남단체험감귤농장
주 소	제주 남제주군 남원읍 남원리 2019
전화번호	064-764-4414
주요생산품	감귤, 한라봉
규모 및 매출	과수원 23,140㎡, 시설 31,405㎡,

○ 주요 경영 현황

농장 특징	□ 큰 일교차로 과실의 껍질 상태가 아주 양호함 □ 일조량이 많아 당도가 높고 영양분이 많이 함유 됨 □ 노지재배와 하우스 재배를 병행하고 있으며 노지재배가 어려운 철에는 하우스 재배로 생산하고 　있음
경영 현황	□ 감귤체험행사를 통하여 직접 감귤을 따서 가지고 갈 수 있고 시음할 수 있는 기회 제공 □ 검색엔진을 통한 사이버 광고의 효과가 높음 □ 수확인력을 관광객들이 대체하기 때문에 수확일손을 줄일 수 있음
인증	□ 신지식농업인 인증서 □ 친환경농산물 인증서 무농약 제18-04-02-16호

○ 주요 생산품(감귤,한라봉)　　　　　　　○ 농장사진

23) 느영감귤농장 (임창홍)

○ 농장개요

대표자명	임창홍
농 장 명	느영감귤농장
주 소	제주 서귀포시 강예동 4660
전화번호	064-739-1207
주요생산품	감귤, 한라봉
규모 및 매출	과수원 16,529㎡, 연간 80백만원

○ 주요 경영 현황

농장 특징	□ 화학비료를 사용하지 않고 퇴비를 이용한 유기농법으로 재배 □ 초생재배를 하고 있으며 유기질 비료를 주로 사용 □ 어분, 골분비료를 사용, 하우스시설로 비가림을 하고 간을 감하고 인공으로 특수하게 재배함
경영 현황	□ 신선도 유지를 위한 비닐 낱개 포장 후 창고 보관 □ 자체적인 브랜드 BI/PI로 상품의 부가가치 창출 □ 직거래 비중을 늘리며 현금의 유동화와 소비자에게는 믿음을 줄 수 있는 방법 모색
인증	□ 친환경농산물 인증서 저농약 제18-02-04-94호

○ 주요 생산품(감귤,한라봉)   ○ 농장사진

24) 아침농장 (권오영)

○ 농장개요

대표자명	권오영
농 장 명	아침농장
주 소	경기 고양시 일산구 지영동 594
전화번호	031-977-6891
주요생산품	미니장미
규모 및 매출	시설 1,983㎡, 연간매출 200백만원

○ 주요 경영 현황

농장 특징	□ 저면관수 화분 양액재배, 자동식제기 등으로 자동화된 생산시설을 보유하여 대량생산이 가능함 □ 미니장미는 네덜란드로부터 들어와 조달하며, 기타 재배에 필요한 자재 등은 농협을 통해 조달하거나 거래처를 통한 직거래로 구매함 □ 서울 근교에 위치하며 지리적 접근성이 좋고, 시설재배이기 때문에 기후의 영향을 크게 받지는 않는다.
경영 현황	□ 병충해를 예방하기 위해 연중 관리 스케줄을 통해 시행하고 있으며, 3~5월에 주 판매되고 있는 미니장미의 판매량 조절을 위해 10~1월 사이에 집중적으로 준비함 □ "아침농장"이라는 자체 브랜드를 사용하여 출하함 □ 리콜제를 통해 상품의 훼손이나 하자 발생 시에 신속한 교환 및 환불을 실시함
인증	□ 신지식농업인 인증서 160

○ 주요 생산품(미니장미)　　　　　　○ 농장사진

25) 우리포도농원 (이익영)

○ 농장개요

대표자명	이익영
농 장 명	우리포도농원
주 소	경기 안산시 단원구 대부남동 1012-3
전화번호	032-886-0373
주요생산품	포도
규모 및 매출	과수원 22,500㎡, 연간매출 80백만원

○ 주요 경영 현황

농장 특징	□ 대부도는 해변을 끼고 있어 해양성 기후를 띠며, 이는 포도재 배에 알맞은 기후조건을 형성하며 토양도 비옥한 석양토로 포도 재배에는 적지임 □ 친환경 무농약 재배를 실시하고 있으며, 자연재배를 활용한 유기발효퇴비를 사용함 □ 우리포도농원은 22,500㎡규모의 과수원에 비가림 시설을 설치하여 약22톤의 포도를 친환경 재배로 생산함
경영 현황	□ 주문량이 적어도 직접배달을 해주고, 유치원생들을 대상으로 포도체험을 하고 있음 □ 수확한 포도는 선별과 세척과정을 거친 후 신선도 유지를 위하여 예냉고에 보관하며, 수요발생 시 냉장차를 이용하여 신속하게 산지로 출하됨 □ 포도를 수작업 하여 명품포도로 포장
인증	□ 친환경농산물 인증서 10-08-4-1 □ 기타 인증서 05-102-001 G마크

○ 주요 생산품(바다내음포도)　　　　　○ 농장사진

26) 그린토피아 (정경섭)

○ 농장개요

대표자명	정경섭
농 장 명	그린토피아
주 소	경기 양평군 양서면 양수리 359
전화번호	031-774-4929
주요생산품	과수
규모 및 매출	과수원 9,900㎡, 연간매출 200백만원

○ 주요 경영 현황

농장 특징	□ 친환경 농업특구로 지정된 양평과 친환경 농업 선도마을로 지정된 양수 1리의 안전한 먹거리 이미지가 있음 □ 남북 한강이 합류하는 지역특성으로 산과 호수가 어우러진 수려한 경관과 일교차가 커서 과일 맛이 매우 우수하여 직판으로 전량 판매함 □ 최고급 수준의 펜션민박으로 회의실을 비롯한 단체손님 맞이에 필요한 기반시설 확보(공중화장실, 주차장, 식당 등)
경영 현황	□ 인터넷 키워드를 주축으로 고객맞춤형 전단배포, 각종관련 포털 사이트 등록, 홈피관리, 전화응대 콜 □ 다양하고 특색있는 농촌체험을 다년간의 노하우와 친절함으로 고객 감동시킴 □ 친환경 농법을 적용한 안전한 먹거리 생산
인증	□ 친환경농산물 인증서 제3-4-120배, 제3-3-608 □ 가평군1호 산림 경영인 2002-1-16

○ 주요 생산품(체험농장, 펜션)	○ 농장사진

27) 경안농장 (권정택)

○ 농장개요

대표자명	권정택
농 장 명	경안농장
주　　소	경기 화성시 매송면 원평리
전화번호	031-291-2653
주요생산품	채소
규모 및 매출	시설 11,900㎡, 연간매출 45백만원

○ 주요 경영 현황

농장 특징	□ 농장이 위치한 화성은 수도권과 지리적으로 인접해 있어 판매처 확보에 용이함 □ 맑은 물과 벼농사에 적합한 강수량, 밤과 낮의 높은 일교차 및 일조량으로 벼 성장에 유리한 기후임 □ 시설하우스를 마련하여 노지재배의 단점을 보완함
경영 현황	□ 자체 생산 친환경 농자재 이용 □ 산지출하 및 직거래를 통한 판매 □ 쌀의 경우 10kg, 20kg단위로 포장하며, 밭작물은 신선도 유지를 위한 특수 비닐포장 및 박스포장을 실시함
인증	□ 화성시 통합브랜드 3-01-1

○ 주요 생산품(상추)　　　　　　　　　　○ 농장사진

28) 대엽농장 (윤권의)

○ 농장개요

대표자명	윤권의
농 장 명	대엽농장
주 소	경기 화성시 비봉면 청요리 733-1
전화번호	031-356-0769
주요생산품	배
규모 및 매출	과수원 19,834㎡, 연간매출 70백만원

○ 주요 경영 현황

농장 특징	□ 초생재배와 친환경농법을 통해 재배함 □ 뒤로는 태행산이 있으며 앞으로는 탁 트인 벌판이 위치하고 있는 위치로 지형이 좋고 조용하며, 햇볕이 잘 들고 일조량이 풍부한 곳에 위치하였으며, 대를 이어 장인정신을 가지고 영농의 꿈을 펼치기 위해 노력함 □ 수도권에 인접해 있어 판매처 확보 및 운송에 용이함
경영 현황	□ 도리기자연 영농 조합 법인을 통해 공동출하가 이루어지고 있음 □ 쌀과 배를 친환경 재배하여 일정한 단위로 포장하여 공동선별 및 출하함 □ 작목반에서 공동으로 제작한 브로슈어를 이용하여 고객들에게 배포함
인증	□ 친환경농산물 인증서 10-24-4-07 □ 지자체별 인증서 화성시 통합브랜드 4-02-1호

○ 주요 생산품(배)   ○ 농장사진

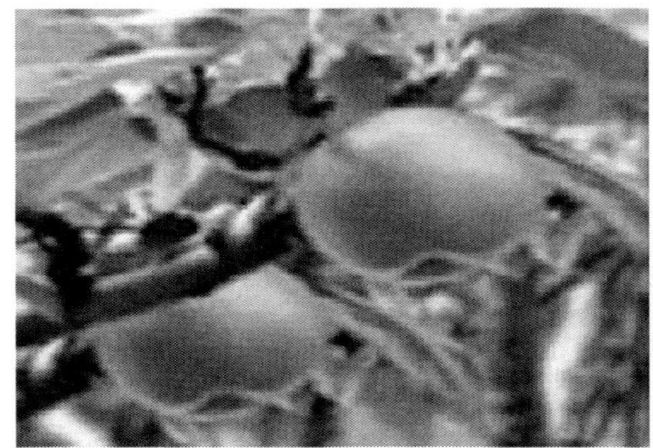

29) 삼척장뇌 (김순희)

○ 농장개요

대표자명	김순희
농 장 명	삼척장뇌
주 소	강원 삼척시 노곡면 여삼리 329
전화번호	033-572-4568
주요생산품	특작
규모 및 매출	밭 9,917㎡, 연간매출 50백만원

○ 주요 경영 현황

농장 특징	□ 농촌 환경오염의 주범인 화학농약과 제초제, 화학비료와 항생제, 합성 성장호르몬제를 사용하지 않음 □ 토착 미생물과 육지의 다양한 산야초, 바다의 해초류와 갑각류 등의 천연 자연농업 재료를 직접 만들어 사용함 □ 친환경재배를 하고 있으며 산삼 1년근, 4년근, 5년근 등을 재배하고 있으며 10년근 정도 되면 출하함
경영 현황	□ 농장관리의 재배와 수확은 농장주가 직접 함. 인력은 필요시에만 충원함 □ 효율적인 고객관리를 위해 홈페이지 내 게시판 메뉴를 구성해 고객들이 소리에 귀를 기울여 적극적으로 생산 및 판매에 반영하려고 노력하고 있음 □ 직접적인 만남의 장을 마련하여 체험을 통한 신뢰구축과 연속적인 직거래 판매를 더욱 활성화 함
인증	□ 친환경농산물 저농약 인증

○ 주요 생산품(장뇌산삼세트)

○ 농장사진

30) 다올농원 (윤덕준)

○ 농장개요

대표자명	윤덕준
농 장 명	다올농원
주 소	강원 인제군 인제읍 귀둔리 644-6
전화번호	033-463-4193
주요생산품	화훼
규모 및 매출	시설 13,884㎡, 연간매출 177백만원

○ 주요 경영 현황

농장 특징	□ 천정 개폐시설을 자동화 했으며 스프링클러, 환기 시설도 자동화 함 □ 고랭지로서 지리적, 기후적으로 화훼 적합지이며 타지역에서 생산이 안 될 시기에 이 지역에서는 생산이 가능함 □ 일본 수출의 맥이 끊기지 않게 하는 역할을 하고 있음
경영 현황	□ 새로운 정보를 입수하여 소비자의 선호도에 부합되는 질 좋은 상품생산 주력 □ 자금, 인력, 자재 등 생산자원의 효율적인 관리 □ 경영혁신프로그램을 통한 정밀한 경영진단과 분석으로 고비용, 저효율을 청산하는 농장으로 운영 및 화훼품목을 수출 농업으로 성장시켜 농업 고소득 창출
포상	□ 2005년 최우수 원예단지 농림부 □ 2004년 세계농업기술상 농림부

○ 주요 생산품(국화)　　　　　　　○ 농장사진

31) 다연농장 (이동구)

○ 농장개요

대표자명	이동구
농 장 명	다연농장
주　　소	강원 철원군 동송읍 장흥리 2반 72-22
전화번호	033-455-3802
주요생산품	쌀, 과수, 밭작물
규모 및 매출	논 82,645㎡, 연간매출 70백만원

○ 주요 경영 현황

농장 특징	□ 한탄강의 오염되지 않은 물을 퍼 올려서 농사를 지음 □ 공기가 좋기 때문에 더욱 우수한 품질을 자랑하는 쌀 재배가 가능함 □ 찰지고 찰진 황토의 토질에 화학비료 대신 돈 분액비를 사용하여 재배함
경영 현황	□ 동송 농협의 철저한 관리로 믿을 수 있는 쌀 만들기 □ 철원 오대쌀 브랜드를 부각시키는 포장재 사용함 □ 고객관리(농촌체험), 온 오프라인 직거래 운영
포상	□ 2007년 새농민상 농협중앙회 □ 2005년 표창장 철원군수

○ 주요 생산품(철원오대쌀)　　　　　　○ 농장사진

32) 청일관광농원 (정천근)

○ 농장개요

대표자명	정천근
농 장 명	청일관광농원
주 소	강원 횡성군 청일면 속실리 518-1
전화번호	033-342-5230
주요생산품	채소, 특작
규모 및 매출	밭 36,363㎡, 연가매출 250백만원

○ 주요 경영 현황

농장 특징	□ 청일관광농원은 깨끗한 유기 농산 생산과 아름다운 자연환경 보전이 어우러진 신개념의 농지 공간임 □ 유기농 관광농원을 활용한 사계절 체험프로그램 개발 및 운영, 직접 생산한 농산물을 활용한 식당과 주변관광자원과 어우러지는 숙박시설 및 놀이 프로그램 운영 □ 자체생산조달, 부산물을 이용한 발효퇴비 생산, 액비제조 및 시비함
경영 현황	□ 각계각층을 대상으로 체험행사 실시함 □ 홈페이지를 통한 관광농원 홍보 및 농산물 전자상거래 활성화함 □ 유기농 매장과의 계약재배로 안정적 판로 확보함
인증	□ 친환경농산물 인증서 유기농 11-09-1-03

○ 주요 생산품(더덕)　　　　　　　　○ 농장사진

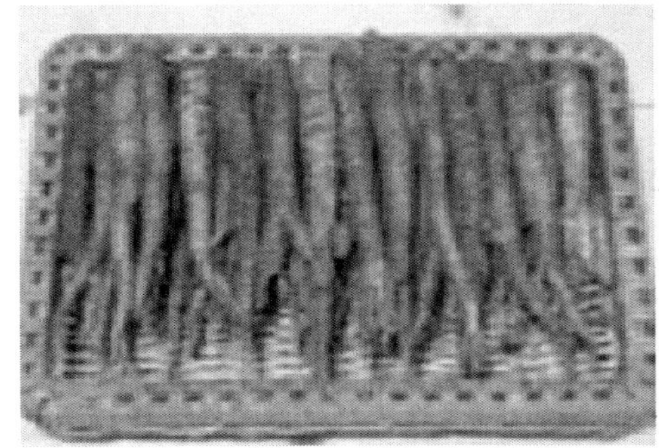

33) 벧엘농장 (임종식)

○ 농장개요

대표자명	임종식
농 장 명	벧엘농장
주　　소	강원 횡성군 횡성읍 청룡리 394
전화번호	033-343-8030
주요생산품	양계
규모 및 매출	논 4,297㎡, 연간매출 1,151백만원

○ 주요 경영 현황

농장 특징	□ 양계장 시설 현대화함 □ 각 양계동에서 선별장으로 계란을 자동으로 이송함 □ 컴퓨터에 의한 자동계측 및 자동 선별함
경영 현황	□ 더덕란 개별 브랜드 날인하여 유통함 □ 자체 포장재를 개발하여 계란의 고급화 추구함 □ 일년에 닭을 4회에 나누어 노계와 신계를 교체할 때마다 초란을 단골고개 리스트를 뽑아 보냄으로 고객만족
인증	□ 지자체별 인증서 강원도지사품질인증 제03-31-01 □ 친환경농산물 인증서 무항생제 축산물 11-09-5-04

○ 주요 생산품(더덕란)　　　　　　　○ 농장사진

34) 월류농장 (박삼수)

○ 농장개요

대표자명	박삼수
농 장 명	월류농장
주 소	충북 영동군 황간면 남성리 279
전화번호	043-742-4729
주요생산품	과수
규모 및 매출	과수원 9,917㎡, 연간매출 60백만원

○ 주요 경영 현황

농장 특징	□ 1999년에는 품질인증, 2002년에는 저농약 인증을 획득해 저농약 포도를 생산하고 있음 □ 친환경, 선진농업기술을 적극 도입하고 철저하게 작목반 규칙을 지킴으로써 고품질의 안전성 높은 포도를 생산 □ 해발 221m인 추풍령 인근에 위치한 중부 내륙산간지로 일교차가 크고 안개와 서리가 많고 풍수해의 피해가 거의 없는 지역
경영 현황	□ "영동 월류 포도"라는 브랜드를 사용하고 있으며, 월류 포도 작 목반 자체적으로 개발한 브랜드임 □ 100% 리콜제 시행하나 철저한 품질관리와 선별로 리콜요청이 태무함 □ 100% 농협양재물류센터로 계통 출하하며 작년 양재동 하나로 클럽에서 3일간 특판 행사를 실시해 소비자들로부터 좋은 반응을 얻음
인증	□ 친환경농산물 인증 12-07-4-12

○ 주요 생산품(포도)	○ 농장사진

35) 진한농원 (한상선)

○ 농장개요

대표자명	한상선
농 장 명	진한농원
주 소	충북 진천군 진천읍 송두리 204-4
전화번호	043-533-4041
주요생산품	양돈
규모 및 매출	시설 3,636㎡, 연간매출 200백만원

○ 주요 경영 현황

농장 특징	□ 온도 센서에 의한 측면 개폐 및 사료 급여 시설을 보유함 □ 농업일지를 일일 기록하고 있음 □ 지리적 조건이 매우 좋고 모든 시설이 자동화 되어있음
경영 현황	□ 측면 개폐부분 온도 센서에 의한 자동개폐로 혼합돈사 □ 생산 친환경이 논농사와의 교환농업 □ 톱밥을 사용하여 폐수 발생 억제함
인증	□ 신지식 농업인 인증서 45호

○ 주요 생산품(양돈)　　　　　　　　○ 농장사진

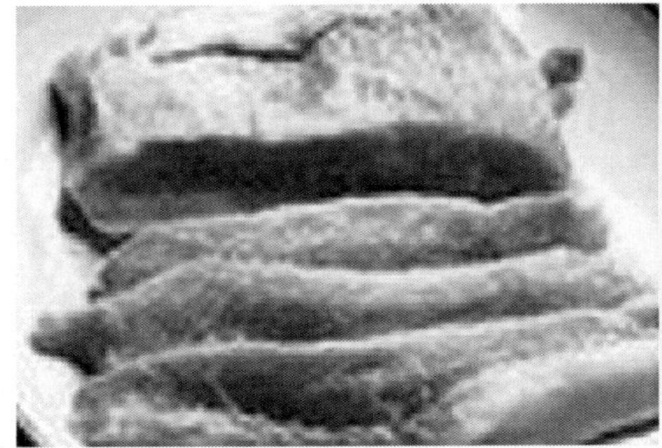

36) 유리농원 (김의돈)

○ 농장개요

대표자명	김의돈
농 장 명	유리농원 / 율림
주 소	충북 충주시 소태면 중청리 332
전화번호	043-854-7011
주요생산품	과수
규모 및 매출	밤 농장 10만㎡, 연간매출 93백만원

○ 주요 경영 현황

농장 특징	□ 키토산 농법을 적용하고, 흙 살림 액비제조 등으로 친환경 저농약 재배를 실천함 □ 포충등, 성페로몬 트랩을 사용함 □ 자가 인력에 수확 제초에 필요한 외부 고용 인력을 사용함
경영 현황	□ 우수고객 초대 체험행사, 밤 생산과정 설명 □ 2kg, 4kg, 8kg등 소포장으로 소비자의 기호에 맞게 포장하여 판매함 □ 충주 밤이라는 브랜드를 사용하여 지역이미지를 잘 나타냄
인증	□ 친환경농산물 인증서 12-02-4-33, 제12-02-4-38

○ 주요 생산품(충주밤)

○ 농장사진

37) 인창농원 (손창화)

○ 농장개요

대표자명	손창화
농 장 명	인창농장
주 소	충남 논산시 가야곡면 산노리 10번지
전화번호	041-741-1590
주요생산품	과수(포도)
규모 및 매출	과수원 13,223㎡

○ 주요 경영 현황

농장 특징	□ 본 농장이 위치한 논산은 예전부터 곡창지대로 농산물의 품질이 우수하고 맛이 좋아 유명한 고장임 □ 밤과 낮의 기온차가 심하기 때문에 과수의 맛이 뛰어나고 당도가 높아 품질이 우수함 □ 토질이 농업에 적당함
경영 현황	□ 삼색포도를 재배하고 있으며, 포장 또한 삼색으로 하여 포장하고 있음 □ 삼색포도의 브랜드화(삼색포도특허 출원 : 상표등록 제0568025) □ 20여종의 고급포도품종을 갖고 있음
인증	□ 친환경농산물 인증서 저농약 제13-06-4-39호

○ 주요 생산품(삼색포도)   ○ 농장사진

38) 이상길농장 (이상길)

○ 농장개요

대표자명	이상길
농 장 명	이상길농장
주　　소	충남 연기군 서면 성제리 244-3
전화번호	041-867-2881
주요생산품	쌀, 배
규모 및 매출	논 19,834㎡, 연간매출 40백만원

○ 주요 경영 현황

농장 특징	□ 배, 복숭아 과원에 15년간 제초제 살포하지 않고 초경재배 □ 중부 산간지역 내륙 지역으로 공기 좋고 온화한 지역 □ 친환경적으로 소득을 덜하고 20년간은 제초제를 인접 살포도 하지 않고 농사의 토양관리, 수원이 깨끗한 지하수와 물 좋고 경치 좋은 저수지를 이용하여 관리함
경영 현황	□ 자체 개발한 "초록에 그린" 이라는 브랜드를 사용하고 있음 □ 출하 물량에 대한 리콜제를 실시하고 있음 □ 지속적인 수출 확대를 꾀하고 있음
인증	□ 2007년 농협(초빙강사) 배 전정 간벌

○ 주요 생산품(초록배)	○ 농장사진

39) 희성농원 (도덕현)

○ 농장개요

대표자명	도덕현
농 장 명	희성농원
주 소	전북 고창군 고수면 황산리 376
전화번호	063-561-1057
주요생산품	감
규모 및 매출	과수원 119,834㎡, 연간매출 120백만원

○ 주요 경영 현황

농장 특징	□ 부족한 영양분을 사전 진단하여 해당 결핍성분 위주로 단체 살포를 통한 영양관리 □ 친환경농업의 실천을 통한 화학적 비료 및 농약의 자가 제조 및 시비 사용으로 농업경영비 요소 중 농자재 구매 비용 최소화 □ 자가 유기발효퇴비를 사용하여 자연농법 실천
경영 현황	□ 토착 천적의 서식환경 조성을 통한 무농약 재배 실천 □ 포장자재 및 자재는 유통센터 전속 출하조직인 고창 감연구회 작목반 단위 일괄 공동 구매 농가 부담 최소화 □ 자가 육묘기술의 적용을 통한 우량 대목 및 유전자원 우수 품종 시험재배를 통한 지역적응력 우수 품종 발굴 집중 재배
인증	□ 친환경농산물 인증서 14-13-4-10

○ 주요 생산품(감)

○ 농장사진

40) 산지뜸농원 (김동권)

○ 농장개요

대표자명	김동권
농 장 명	산지뜸농원
주 소	전북 김제시 용지면 장신리 492
전화번호	063-542-3689
주요생산품	사과, 배
규모 및 매출	과수원 19,834㎡, 연간매출 110백만원

○ 주요 경영 현황

농장 특징	☐ 병충해종합관리(IPM) 적용 ☐ 화학비료 권장시비량의 1/2 이하 ☐ 농약살포횟수 사용기준 1/2 이하 사용
경영 현황	☐ 잔류농약 허용기준 1/2이하임 ☐ 지역 농·특산품 전시장과 쇼핑몰 입점하여 지역 판로 개척 ☐ 엄선된 과일 선별로 제품의 차별화, 전문택배업체와 협력하여 피해보장 완비
인증	☐ 친환경농산물 인증서 14-06-4-52

○ 주요 생산품(사과, 배)	○ 농장사진

41) 맛드린쌀농장 (최판산)

○ 농장개요

대표자명	최판산
농 장 명	맛드린쌀농장
주 소	전북 김제시 진봉면 고사리 116-10
전화번호	063-543-3639
주요생산품	쌀
규모 및 매출	논 15,867㎡

○ 주요 경영 현황

농장 특징	□ 친환경 재배를 하여 기누히까리와 고시히까리를 교배해 만든 종인 유메찌꾸시(꿈의 쌀)을 생산 □ 정기적인 토양검정으로 토양의 상태를 점검해 줌으로써 작물이 잘 자랄 수 있는 토양환경을 만들어 줌 □ 저농약 농산물(16-06-4-91) 인증을 받아 유기질 비료와 쌀겨를 뿌리는 등 친환경적으로 벼를 재배
경영 현황	□ 친환경 재배에 필요한 원자재는 직거래를 통해 조달하거나 농장 자체적으로 생산 □ 유기질 비료(퇴비)와 쌀겨를 뿌리는 방법으로 친환경재배를 실천 □ 우렁이 농법사용과 펠렛쌀겨 사용으로 친환경농업을 실천
인증	□ 친환경농산물 인증서 14-06-4-91

○ 주요 생산품(맛드린쌀)　　　　　　　○ 농장사진

42) 시골농장 (권승룡)

○ 농장개요

대표자명	권승룡
농 장 명	시골농장
주　　소	전북 남원시 보절면 도룡리 89
전화번호	063-634-4882
주요생산품	쌀
규모 및 매출	논 112,397㎡, 연간매출 195백만원

○ 주요 경영 현황

농장 특징	□ 황산 자락 황토 땅, 유기 포장과 유기 한우사육, 순환농법 □ 화학비료와 농약(제초제, 살충제 등) 전혀 사용하지 않고 완숙퇴비와 볏짚, 쌀겨 등을 사용하여 토양관리를 하고 있음 □ 200평당 완숙퇴비 2톤과 축산 발효퇴비 1톤을 본토에 살포한 후 경운(갈아엎음), 이앙(모내기) 함
경영 현황	□ 유기 조사료와 한우 사육, 유기우분발효, 미강, 흑초, 키토산, 목초액 등 □ 청둥오리 유기농법은 제초제, 살충제는 물론 화학비료조차 사용하지 않는 생명농법임 □ 미꾸라지 잡기 황토체험, 생태 순환농법
인증	□ 친환경농산물 인증서 14-05-1-02

<table>
<tr><td style="text-align:center">○ 주요 생산품(오리쌀)</td><td style="text-align:center">○ 농장사진</td></tr>
<tr><td>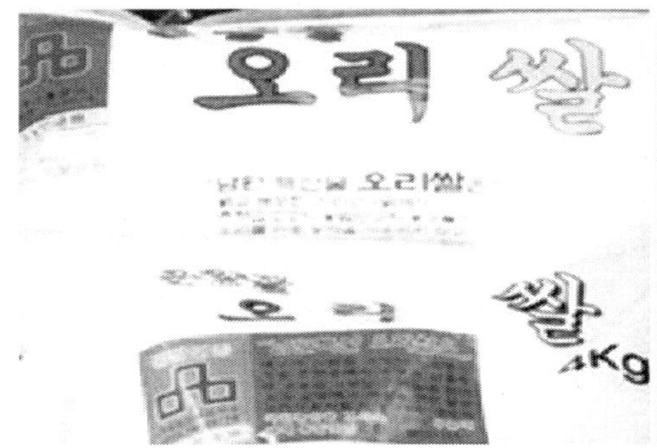</td><td></td></tr>
</table>

43) 쌍치복분자농장 (양명욱)

○ 농장개요

대표자명	양명욱
농 장 명	쌍치복분자농장
주 소	전북 순창군 쌍치면 둔전리 386
전화번호	063-652-2778
주요생산품	복분자
규모 및 매출	밭 8,595㎡, 연간매출 52백만원

○ 주요 경영 현황

농장 특징	□ 비 가림 시설로 오염된 강우로 인한 각종 병해충 피해를 예방하고, 관수시설을 통해 건조, 가뭄에 대비 □ 일조량이 풍부하고 일교차가 큰 편이라서 당도가 높고 복분자 특유의 빛깔과 향이 좋음 □ 가족농 형태로 농장을 운영하고, 인력 부족 시에는 1일 인부를 고용해서 작업
경영 현황	□ 농협작목반 공동구매로 경영비 절감 □ 복분자는 조직의 경도가 낮아 쉽게 상품성이 저하되기 쉬우므로 저온저장고에 보관 □ 초생재배로 제초제 부사용 비 가림 시설로 전천 후 수확 및 고품질의 상품생산

○ 주요 생산품(쌍치복분자) ○ 농장사진

44) 우렁쌀농장 (최광식)

○ 농장개요

대표자명	최광식
농 장 명	우렁쌀농장
주 소	전북 순창군 인계면 노동리 123-1
전화번호	063-652-0561
주요생산품	쌀
규모 및 매출	논 49,580㎡, 연간매출 47백만원

○ 주요 경영 현황

농장 특징	□ 주변의 오염원이 전혀 없는 동촌골에서 재배 □ 스테비아사용, EM사용 등 끊임없는 연구개발을 통해 유기농 쌀 생산에 노력 □ 유기농업은 미생물 농업을 하는데 중점
경영 현황	□ 유기농업으로 병충해 예방, 화학비료를 사용하지않아서 미질상승 □ 우렁눈 쌀 5분 도미, 7분 도미, 현미, 찹쌀 우렁눈 쌀 브랜드 개발 사용 □ 서울 율곡지구 우리은행 도농행사로 인해 농촌체험으로 상조 실체구축
인증	□ 신지식농업인 인증서 06-111 □ 친환경농산물 인증서 14-12-1-1

○ 주요 생산품(쌀)	○ 농장사진

45) 참샘고사리농장 (김보성)

○ 농장개요

대표자명	김보성
농 장 명	참샘고사리농장
주 소	전북 순창군 적성면 석산리 8번지
전화번호	063-652-1010
주요생산품	고사리
규모 및 매출	밭 19,834㎡, 연간매출 30백만원

○ 주요 경영 현황

농장 특징	□ 자연채광, 마이크로파 건조기 이용 □ 고사리 작목반모임을 개최하여 서리피해방지, 건조방법 등 품질관리를 위해 노력함 □ 19,834㎡ 땅에 건고사리 400kg를 생산
경영 현황	□ 고사리 품질이 뛰어나 공급확대 요청 □ "유기농 고사리" 라는 이름으로 판매 □ 순창군내 고사리 종묘 분양이 쇄도하면 우수고사리종묘를 자체 생산하여 분양 및 관내 고사리 재배면적확대
인증	□ 친환경농산물 인증서 14-12-3-5

○ 주요 생산품(고사리)	○ 농장사진
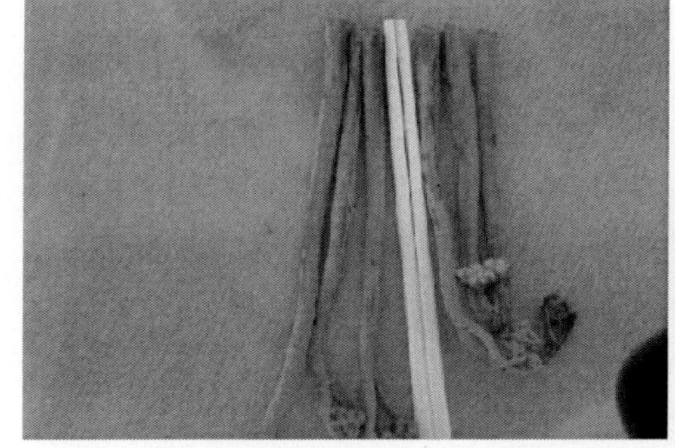	

46) 용복자연농원 (이겸창)

○ 농장개요

대표자명	이겸창
농 장 명	용복자연농원
주　　　소	전북 완주군 용진면 신지리 89-2
전화번호	063-261-3716
주요생산품	과수
규모 및 매출	과수원 15,570㎡, 연간매출 30백만원

○ 주요 경영 현황

농장 특징	□ 친환경 시설을 갖추고 있음 □ 황토와 마사토 혼합 삼면이 산림으로 둘러쌓여 있고, 과수원은 골짜기를 형성 □ 전설로 내려온 약수터 생수를 식수로 사용 (산 골짜기가 깊어 2달이상 가뭄이 없으면 물을 저장해 농업 용수로 활용)
경영 현황	□ 고객이 먹어보고 판매하는 후불 100% 거래 □ 배복이(특허출원 준비 중) : 배와 복숭아를 혼합 한 상품임을 부각 □ 리후릿, 인터넷, 전화, 방문 , 초청 등의 방법을 사용하고 있으며, 상품상자에 명함과 홍보 리후릿을 동봉하여 홍보함
인증	□ 친환경농산물 인증서 복숭아, 무농약 제 14-07-3-42호

○ 주요 생산품(배)　　　　　　　　　○ 농장사진

47) 울아빠가 농사진 쌀 (김상수)

○ 농장개요

대표자명	김상수
농 장 명	울아빠가 농사진 쌀
주 소	전북 익산시 오산면 영만리 951-35
전화번호	063-858-2928
주요생산품	쌀
규모 및 매출	논 21만㎡, 연간매출 158백만원

○ 주요 경영 현황

농장 특징	□ 신동진, 일미, 주남벼 등 미질이 좋은 쌀을 선택하여 재배 □ 미생물을 이용하여 친환경적으로 벼를 재배하고 있음 □ 화학비료보다 쌀겨와 유기농 비료로 땅심을 살리기 위해 노력
경영 현황	□ 내 아이와 내 가족이 먹는 쌀, 우리 가족의 사진을 건 믿음을 줌 □ "울 아빠가 농사진 쌀"은 아빠가 농사 진 쌀이니 "믿음과 신뢰가 간다고 하여" 소비자 반응이 좋음 □ 덤을 얹어주고, 신뢰확보를 위해 시종일관 정직하게 판매함
인증	□ 친환경농산물 인증서 제14-03-3-91 무농약쌀

○ 주요 생산품(쌀)　　　　　　　　　　○ 농장사진

48) 새롬농원 (이진영)

○ 농장개요

대표자명	이진영
농 장 명	새롬농원
주 소	전북 정읍시 영원면 후지리 310
전화번호	063-535-7383
주요생산품	과수
규모 및 매출	과수원 24,793㎡, 연간매출 100백만원

○ 주요 경영 현황

농장 특징	□ 맑고 깨끗한 자연환경으로 과수 재배에 유리한 조건을 갖고 있음 □ 예로부터 사과 산지로 사과 축제가 열려 사과에 대한 인지도가 높음 □ 농약 사용을 최소화 하여 안전한 먹거리 생산을 위해 노력
경영 현황	□ 주변 농가와 교류를 통해 생산 기술을 향상시키고자 노력하고 있음 □ 주로 사과 품종으로 후지가 대부분이며 저장 전에 예냉을 하여 신선도 유지를 함 □ "햇살받은 사과"라는 이름으로 시판하고 있으며, 이는 정읍시에서 사과를 명품화하기 위해 18명의 사과재배 농가들이 유기농법으로 재배한 사과를 청하고 있음
인증	□ 친환경농산물 인증서 14-04-4-28

○ 주요 생산품(사과)　　　　　　　　○ 농장사진

49) 강진맥우농장 (장을재)

○ 농장개요

대표자명	장을재
농 장 명	강진맥우농장
주 소	전남 강진군 음천면 영산리 182번지
전화번호	061-432-3939
주요생산품	한우
규모 및 매출	논 23,140㎡, 연간매출 650백만원

○ 주요 경영 현황

농장 특징	□ 톱밥 발효 기술을 활용하여 친환경 한우 생산이 가능 □ 막걸리를 급식으로 공급해 사육하여 냄새제거 및 육질 개선이 가능 □ 저공해 볏집과 13가지 한약재, 맥주 보리를 발효시킨 액상사료 등을 급여
경영 현황	□ 강진맥우 원우 선정함 □ 거세 및 입식부터 체중 500kg 내외까지 양질 조사료 급여 □ 500kg 내외에서 알콜 액상사료 급여 개시하는데 급여기간 200일 내외이며 병영주조장에서 알 콜 액상사료 공급

○ 주요 생산품(한우)   ○ 농장사진

50) 강언덕농원 (임택영)

○ 농장개요

대표자명	임택영
농 장 명	강언덕농원
주 소	전남 광양시 다압면 금천리 2142
전화번호	061-772-2697
주요생산품	밤, 배, 매실
규모 및 매출	과수원 16,529㎡, 연간매출 80백만원

○ 주요 경영 현황

농장 특징	□ 매실 : 매실주산지인 다압면에 기반을 두고 매화문화축제와 연계하여 생산 및 출하 □ 배 : 저농약 배재배 인증농가로 액비와 퇴비 등 친환경자재를 작목반 공동으로 조제하여 활용 □ 배는 수확해서 추석절까지 출하하고 저온저장고에 저장
경영 현황	□ 배 재배는 친환경무지개작목반을 중심으로 친환경재배기술 교육과 선진농장 견학 등으로 선진 　기술을 도입 실천 □ 농협에서 농자재 지원받아 경비 절감 □ 생산물은 수확 후 철저한 선별로 규격포장박스에 출하하고 있으며 배즙, 꿀, 고로쇠약수는 청결 　을 최우선으로 품질을 관리하여 판매
인증	□ 친환경농산물 인증서 15-05-4-06

<table>
<tr><td style="text-align:center">○ 주요 생산품(배)</td><td style="text-align:center">○ 농장사진</td></tr>
<tr><td></td><td></td></tr>
</table>

51) 덕천농장 (강재봉)

○ 농장개요

대표자명	강재봉
농 장 명	덕천농장
주 소	전남 순천시 낙안면 검암리 80-2
전화번호	061-754-6502
주요생산품	배
규모 및 매출	과수원 29,752㎡, 연간매출 150백만원

○ 주요 경영 현황

농장 특징	□ 미강과 깻묵을 발효시켜 퇴비로 사용하고 한약재를 발효시킨 한방영양제를 살포하여 땅을 건강하게 만들어 냄 □ 비옥한 황토에 유기질퇴비를 많이 살포하여 땅을 건강하게 만들어 맛있고 안전한 배를 생산 □ 저농약 실천, 산지이력관리
경영 현황	□ 낙안 지리적 특성을 부각한 "낙안배"를 브랜드화 하여 외부인에게 친근감을 줌 □ 관광객들을 초청해 농장 체험을 판매로 연결시킴 □ 3高 운영방침(최고의 정성, 최고의 결실, 최고의 상품)
인증	□ 친환경농산물 인증서 15-03-4-18

○ 주요 생산품(낙안배)　　　　　　　○ 농장사진

52) 월출인삼농원 (이재진)

○ 농장개요

대표자명	이재진
농 장 명	월출인삼농원
주 소	전남 영암군 시종면 만수리 468
전화번호	061-471-0407
주요생산품	인삼
규모 및 매출	밭 664,464㎡, 연간매출 1,000백만원

○ 주요 경영 현황

농장 특징	□ 인삼포 두둑(규반) 주위를 차광막 비닐로 감싸서 두둑조성을 고랑(배수로)으로 흘러내리는 토양의 유실을 방지함과 동시에 보습효과 및 두둑가장자리에 식재된 인삼의 정상 생육 보전 □ 전국에서 최초로 인삼포에 스프링 쿨러식 관수시설을 갖춰, 관수 및 농약살포를 병행할 수 있도록 하여 인력과 시간 절약
경영 현황	□ 1~2년 동안 호밀과 짚을 뿌리고 여름철에는 20회 이상 깊이 갈이를 하며 미생물제도 넣어 관리 □ KT&G 관리 기준에 준용하여 품질 관리 □ 수확 후 상품관리 know-how : 저온저장 창고온도 조절
인증	□ 신지식농업인 인증서 제99020호

○ 주요 생산품(인삼)   ○ 농장사진

53) 동성농장 (강성태)

○ 농장개요

대표자명	강성태
농 장 명	동성농장
주 소	전남 장성군 서삼면 송현리 80
전화번호	061-394-5560
주요생산품	송아지
규모 및 매출	논 7,272㎡, 연간매출 140백만원

○ 주요 경영 현황

농장 특징	□ 높고 깨끗한 지역에 위치하여 우사 적정온도 유지 및 질병관리에 적합 □ 모기퇴치등 설치고 가축방역 생력화함 □ 거세우 옻즙액 및 광합성균 급여로 고품질 한우 생산함
경영 현황	□ 송아지 분만전후 질병관리 철저로 송아지 육성률 증가시킴 □ 100% 자가수정을 통한 우수개체 선발 □ 양질 조사료(볏짚, 옥수수, 보리총체담금 먹이) 급여로 고품질 한우 생산 □ 다가불포화지방산 및 리놀레산 함량이 일반 한우보다 높아 기능

○ 주요 생산품(거세우)	○ 농장사진

54) 송학농장 (송학능)

○ 농장개요

대표자명	송학능
농 장 명	송학농장
주 소	전남 장흥군 대덕읍 신월리 107번지
전화번호	061-867-1419
주요생산품	배
규모 및 매출	과수원 16,529㎡, 연간매출 130백만원

○ 주요 경영 현황

농장 특징	□ 매년 토양 샘플을 거두어 성분 분석검사 후 개선하고, 미생물 발효액 시비 □ 해충 포획기 및 교미 교란제, 성페로몬을 이용하여 해충방제로 친환경농사를 함 □ 토양이 배 재배에 최적지이고, 기후조건상 조기출하와 당도가 높음
경영 현황	□ 우량토양으로 초생재배 □ 미세한 흠집도 엄밀한 선별로 비품 처리하여 비품일지라도 일반 농가의 정품가에 비슷하게 받고 있음 □ 고객들에게 농장견학을 유도하여 홍보
인증	□ 친환경농산물 인증서 제15-4-8호

○ 주요 생산품(배)　　　　　　　　　　　○ 농장사진

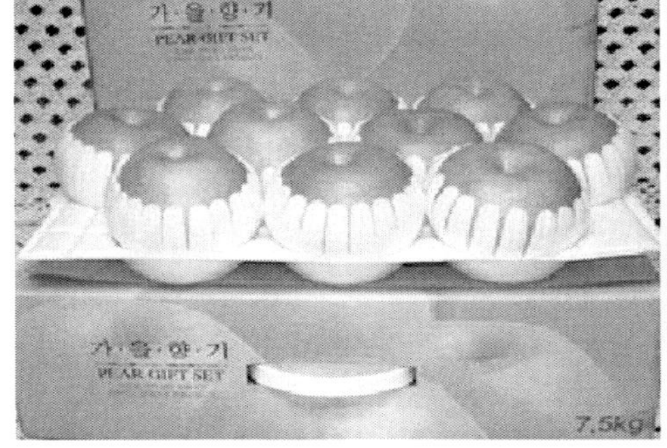

55) 사슴이랑배랑 (안재필)

○ 농장개요

대표자명	안재필
농 장 명	사슴이랑 배랑 농원
주　　소	전남 함평군 해보면 금덕리 568-5
전화번호	061-323-3755
주요생산품	과수, 녹용
규모 및 매출	과수원 16,529㎡, 연간매출 130백만원

○ 주요 경영 현황

농장 특징	□ 한방영양제, 녹용찌꺼기 발효(사슴목장에서 연중 녹용과 한약을 달이면서 생기는 것) □ 친환경 자제들을 직접 만들어 농약이나 화학비료대신 사용하여 땅이 살아나고 배나무가 건강해지므로 안전한 고품질의 배생산
경영 현황	□ 사슴과 녹용으로 동물 아미노산을 만들어 정적관수로 전 과원에 뿌려주기 위해 관수시설을 장착 □ 제초제를 하지 않고 풀들을 이용하여 응애를 예방하고 윤활방식으로 풀을 베어 줌 □ 토착미생물과 육지의 다양한 산야초, 바다의 해조류와 갑각류 등의 천연 자연농업 재료를 농가에서 직접 만들어 냄
인증	□ 친환경농산물 인증서 제15-17-4-3

○ 주요 생산품(녹용)　　　　　　　　　　○ 농장사진

56) 호산나농원 (김진수)

○ 농장개요

대표자명	김진수
농 장 명	효산나농원
주 소	경북 경산시 남산면 전지리 82번지
전화번호	053-852-5868
주요생산품	과수(거봉)
규모 및 매출	시설 19,834㎡, 연간매출 170백만원

○ 주요 경영 현황

농장 특징	□ 친환경 시설을 통한 당도 향상 □ 활성 기억수 장치 활용으로 토양개량 및 과수목 생장촉진 □ 친환경 농약을 사용하는 친환경농업 실천
경영 현황	□ 매일 경영일지를 작성함으로 해서 농작물의 특이사항을 파악하고 필요한 조치를 바로 취하고 있음 □ 이름, 얼굴, 친환경 인정표, 전화번호, 주소, 상표로 같이 동봉 □ 상품에 하자가 있을 경우 철저한 리콜제와 환불을 실시하고 있음
인증	□ 친환경농산물 인증서 16-10-4-18

○ 주요 생산품(거봉)	○ 농장사진

57) 삼도봉천마농장 (김진영)

○ 농장개요

대표자명	김진영
농 장 명	삼도봉천마농장
주 소	경북 김천시 부항면 대야리 356
전화번호	054-437-0025
주요생산품	특작(천마)
규모 및 매출	시설 13,220㎡, 연간매출 250백만원

○ 주요 경영 현황

농장 특징	□ 천마를 재배하는데 최적의 입지 조건을 가지고 있으며, 재배는 친환경으로 재배하고 있고, 환경의 여건을 잘 활용하고, 재배와 저장 가공을 최대한 단축시키고 있음 □ 천마의 재배적지로 온도차이가 크고 토질이 최적임 □ 생천마를 찌지 않고 건조하며, 천마 캐기 체험, 매실체험 등 체험프로그램 운영
경영 현황	□ 현재 1200명 회원 집중관리, 재 구매 유도(SMS, 이메일발송 등) □ 자체 개발 포장지 사용하고 있음 □ 영농조합법인설립으로 농자재지원유도로 경비절감
교육	□ 2006년 농촌진흥청 농업경영비지니스 과정

○ 주요 생산품(생천마)	○ 농장사진
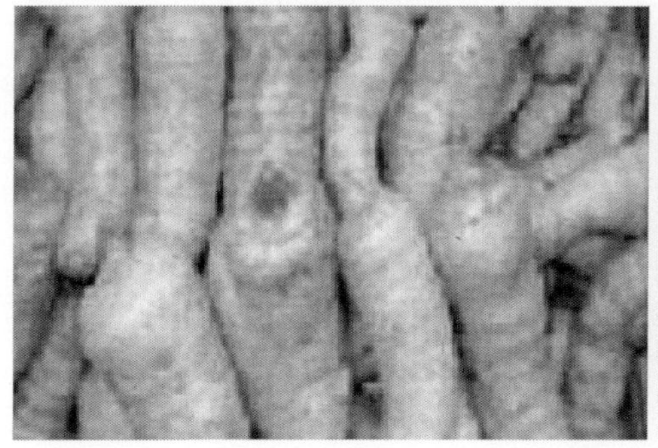	

58) 두만농장 (이경수)

○ 농장개요

대표자명	이경수
농 장 명	두만농장
주 소	경북 성주군 용암면 동락리 346
전화번호	054-932-2388
주요생산품	과수(참외)
규모 및 매출	시설 99㎡, 연간매출 125백만원

○ 주요 경영 현황

농장 특징	□ 낙동강이 인접하여 배부시설이 용이하고 일조량이 많음 □ 자동보온시설을 설치하여 5년 동안 친환경 농업을 경영하고 있음 □ 친환경 시설재배를 하여 안전한 농산물을 재배, 생산
경영 현황	□ 연구 개발하여 본격적인 껍질째 먹는 참외를 생산하여 농가 부가 가치를 높이고 제고함 □ 국립농산물품질관리원에서 저농약 농산물인증을 받아 철저한 품질관리로 친환경 재배를 실천함 □ 전자식 선별기 도입으로 품질이 균일하며 속박이가 없음
교육	□ 2007년 상주대학교 환경원예학과 이수

○ 주요 생산품(용암반딧불참외)	○ 농장사진
	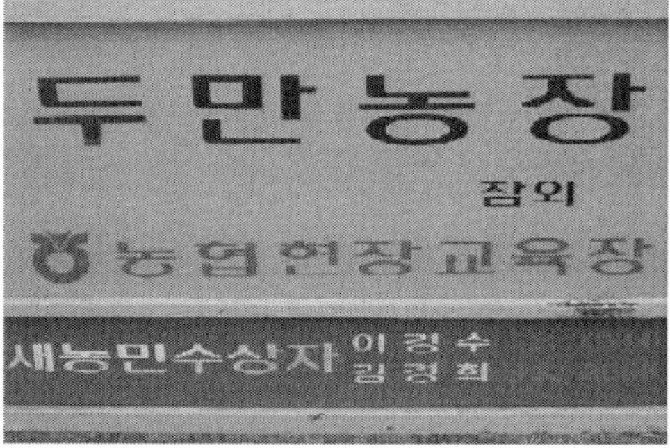

59) 장암농장 (김준동)

○ 농장개요

대표자명	김준동
농 장 명	장암농장
주 소	경북 안동시 길안면 만음리 352
전화번호	054-822-2356
주요생산품	과수(사과)
규모 및 매출	과수원 49,587㎡, 연간매출 120백만원

○ 주요 경영 현황

농장 특징	□ 장암농원의 안동 길안 사과는 해토랑이라는 작목반을 구성 □ 친환경인증과(인증번호제16-04-4-34)국제품질인증(ISO9001:2000)을 획득하는 등 친환경농업과 고품질에 노력함 □ 장암농원은 길안천의 깨끗한 물과 풍부한 일조량 그리고 오염되지 않는 토양으로 초생재배를 실시하고 있고, 직접 발효시킨 자연거름을 이용하여 기름진 토양을 보유하고 있음
경영 현황	□ 경북 안동 길안의 지리적 특성을 부각한 "껍질째 먹는 장암사과"를 브랜드화 □ 포장 재질을 강화하여 택배사고를 방지하고 사과마다 망 포장 □ 경북 홈페이를 통해 안동 길안 사과의 특징 및 재배과정, 상품 등의 정보를 제공하고 있으며 전자상거래를 통한 직거래
인증	□ 친환경농산물 인증서 저농약 인증서 제1604-4-34호 □ 기타 인증서 국제품질인증 ISO 9001:2000

○ 주요 생산품(길안사과)	○ 농장사진

(60) 용수농원 (안홍석)

○ 농장개요

대표자명	안홍석
농 장 명	용수농원
주　　소	경북 영천시 고경면 창하리 924
전화번호	054-336-1221
주요생산품	과수(배)
규모 및 매출	시설 10,900㎡, 연간매출 145백만원

○ 주요 경영 현황

농장 특징	□ 경북 영천은 우리나라에서 강우량이 제일 적고 일조량이 풍부한 지역으로 과일의 당도와 품질이 높음 □ 농장이 보현산 자락과 금호강 상류에 위치하여 친환경재배의 적지이며, 국도 28호선 3사관학교 옆에 자리 잡고 있음 □ 사질토양의 비옥한 땅과 일조량이 많은 기후조건에서 재배
경영 현황	□ 창조적인 발상, 치밀하게 분석, 빈틈없는 영농설계, 외국과의 기술교류를 농장의 4대 농장철학으로 하여 농장을 경영 □ 신선도 유지를 위해 저온으로 저장하며, 상품성이 떨어지는 배는 한약재를 넣어 가공하여 배즙으로 판매함 □ 특화 상품의 배만 엄선하여 판매함
인증	□ 친환경농산물 인증서 16-07-4-16 □ 신지식농업인 인증서 221호

○ 주요 생산품(용수배)　　　　　　○ 농장사진

61) 푸른농원 (이상달)

○ 농장개요

대표자명	이상달
농 장 명	푸른농원
주　　소	경북 영천시 화북면 오산리 553-2
전화번호	054-338-4413
주요생산품	과수(사과)
규모 및 매출	과수원 1,850㎡, 연간매출 35백만원

○ 주요 경영 현황

농장 특징	□ 해발 200m 준산간지에 위치하고 있으며, 일교차가 큰 장점이 있음 □ 점적관수, Special Spray 기계, 친환경시설 등을 통해 사과를 재배하고 있음 □ 별의 고장, 별의 도시 보현산 천문대가 위치한 자락아래 연간 강우량 950mm 우리나라 평균 강수량의 절반의 강수량과 일교차가 많은 것이 특징
경영 현황	□ IPM인증 기준에 따라 사과를 생산하고 있음 □ 품질관리를 철저히 하여 박스에 사진과 주소 연락처를 기재하여 소비자에게 신뢰를 얻도록 노력하고 있음 □ "보현산 IPM 사과" 브랜드 사용함
인증	□ 친환경농산물 인증서 16-07-4-28

○ 주요 생산품(푸른농원사과)　　　　　　　○ 농장사진

62) 대산농장 (김철래)

○ 농장개요

대표자명	김철래
농 장 명	대산농장
주 소	경북 의성군 안계면 용기리 813-38
전화번호	054-861-1493
주요생산품	쌀
규모 및 매출	논 72,727㎡

○ 주요 경영 현황

농장 특징	□ 지리적, 기후적, 시설의자동화, 친환경시설 등 수리 시설이 잘 되어 있음 (안동댐) □ 정기적인 토양검정으로 토양의 상태를 항상 체크해서 작물이 잘 자랄 수 있는 환경을 만들어 줌 □ 유기질 비료(퇴비)와 쌀겨를 뿌리는 방법으로 친환경재배를 실천해왔으며, 제초제와 웃거름 대신 쌀겨를 뿌리는 방법으로 재배하여 '맛드린 쌀'의 맛과 품질이 월등히 좋음
경영 현황	□ 작업을 할 때마다 농업일지를 작성해서 농작물의 특이 사항을 파악하고 필요한 조치를 바로 취하고 있음 □ 체험행사는 아직까지 하지 않고 있으나, 도농 교류를 위해서 기회가 되면 실시할 예정임 □ "아침이슬 쌀"브랜드를 사용하고 있으며 맛이 좋아 판매 증가
포상	□ 2002년 국무총리 포상, 훈장

○ 주요 생산품(아침이슬쌀)

○ 농장사진

(63) 청매농산 (박성길)

○ 농장개요

대표자명	박성길
농 장 명	청매농산
주 소	경북 청도군 매전면 상평리 859
전화번호	054-372-5335
주요생산품	과수(감)
규모 및 매출	과수원 16,500㎡, 연간매출 41백만원

○ 주요 경영 현황

농장 특징	□ 청도군 최초 김말랭이 상거래를 함 □ 청도감은 씨가 없으며, 다른 지역에서 새 종자를 들여와도 청도에만 오면 씨가 없어짐 □ 청도는 청정지역으로 특산물인 청도반시로 만든 김말랭이, 반건시 친환경적으로 가공하여 인근 중소도시에 판로가 용이하며 관광지 및 축제가 많이 열려 판매 및 홍보하기가 적합한 곳
경영 현황	□ 김말랭이 가공 최초자로 풍부한 경험 □ 포장재 재질을 강화하여 택배 운송 시 제품의 파손을 방지하고 주문 당일 고객 통화 후 배송 원칙 □ 한번 거래는 영원한 고객 내손님이란 마음가짐으로 수시 전화 통화나 특산물 등을 서비스, 주문 물량이 어느 정도 많을 때는 덤으로 고객을 만족
인증	□ 친환경농산물 인증서 제16-16-4-21호

○ 주요 생산품(감말랭이, 곶감)　　　　　　　　　　○ 농장사진

(64) 운문산그린농장 (김광염)

○ 농장개요

대표자명	김광염
농 장 명	운문산 그린농장
주 소	경북 청도군 운문면 방지리 913-1
전화번호	054-373-0035
주요생산품	채소(토마토)
규모 및 매출	밭 3,966㎡, 연간매출 400백만원

○ 주요 경영 현황

농장 특징	□ 농장이 도심과 멀리 떨어져 있고 청정 지역인 운문산에 위치 하고 있음 □ 토양재배(볏집관리, 친환경관리, 무비료시비, 유기농재배) □ 시설자동화, 이중보온, 선별기, 선별장25p, 트럭, 관리기, 동력 살포기, 자자 육모장20p
경영 현황	□ 소비자 방문, 체험으로 고객신뢰 향상 □ 직거래로 인한 농산물 신선도유지와 가격이 저렴하여 소비자 호응이 높음 □ 우체국택배 위탁으로 판로의 안전성과 판로 투명함을 원칙으로함
인증	□ 친환경농산물 인증서 제16-16-4-18호

○ 주요 생산품(토마토)	○ 농장사진

65) 구실골농장 (이재석)

○ 농장개요

대표자명	이재석
농 장 명	구실골농장
주 소	경북 청도군 이서면 구라리 585-1
전화번호	054-371-5968
주요생산품	과수(복숭아)
규모 및 매출	시설 13,223㎡, 연간매출 50백만원

○ 주요 경영 현황

농장 특징	□ 지리적 여건에 맞춰 기반조성을 했음 □ 발효 비료를 사용, 유박이라는 발효제도 함께 사용함 □ 병충해 관리로 품질향상 및 대과생산
경영 현황	□ 복숭아는 일일이 수확해야 신선도가 유지되므로 한 개씩 선별하여 포장함 □ "이재석 복숭아"란 브랜드 사용함 □ 입소문 등으로 찾아오시는 분들게 매년 연락을 취함
교육	□ 2002년 경북대학교 개발대학교 최고경영자과정 이수

○ 주요 생산품(복숭아)　　　　　　　○ 농장사진

66) 금종농산 (김종기)

○ 농장개요

대표자명	김종기
농 장 명	금종농산
주　　소	경북 칠곡군 기산면 영리 209-10
전화번호	054-971-5393
주요생산품	쌀
규모 및 매출	논 46만㎡, 연간매출 448백만원

○ 주요 경영 현황

농장 특징	□ 시설의 자동화, 친환경 시설 □ 정기적인 토양검정으로 토양의 상태를 항상 체크함으로써 작물이 잘 자랄 수 있는 환경을 만들어 줌 □ 토양시서를 이용, 육묘에서 도정, 판매까지 자가생산품으로 일괄관리
경영 현황	□ 금종쌀이라는 브랜드를 사용하며 경북 칠곡군수가 품질을 인정한 쌀임 □ 농협 및 개인 택배를 통한 직거래, 초등 급식 □ 농촌현장견학 등으로 소비자 만족 제고
인증	□ 친환경농산물 인증서 제16-19-4-13호

○ 주요 생산품(금종쌀)　　　　　　　　　　○ 농장사진

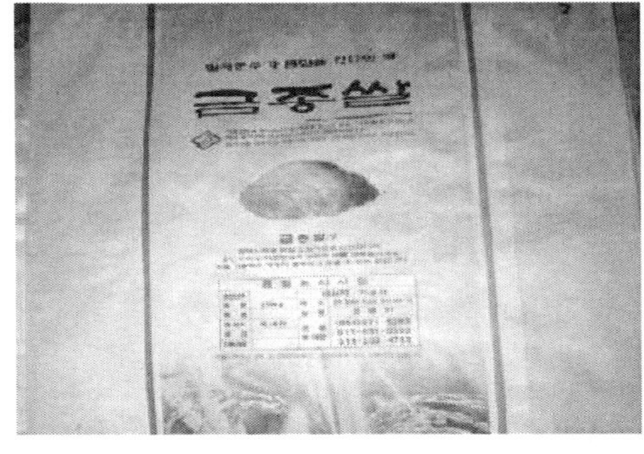

67) 차돌농장 (엄차돌)

○ 농장개요

대표자명	엄차돌
농 장 명	차돌농장
주　　소	경북 포항시 북구 신광면 상읍리 247
전화번호	054-243-0159
주요생산품	과수(사과)
규모 및 매출	과수원 9,917㎡, 연간매출 55백만원

○ 주요 경영 현황

농장 특징	□ 농장 뒤편(북쪽)에 비학산이 자리잡고 있고 앞쪽은 탁 트여 있어 일조량이 풍부하고 겨울에 바람이 극심한 편임 □ 청정 지역 내 친환경 농법으로 농사함으로 아주 신선한 과일을 생산
경영 현황	□ 자체 품질관리 기준에 따라 생산, 출하하고 있음 □ "비약산 사과"라는 브랜드를 사용하고 있음 □ 상품에 하자가 있을 경우, 철저한 리콜제와 환불을 실시하고 있음
포상	□ 2001년 사과품평회은상 경북능금조합

○ 주요 생산품(비약산사과)	○ 농장사진

(68) 땅강아지농장 (김정오)

○ 농장개요

대표자명	김정오
농 장 명	땅강아지 농장
주　　　소	경남 거창군 거창읍 동변리 1085-10
전화번호	055-943-6789
주요생산품	과수
규모 및 매출	과수원 82,645㎡, 연간매출 250백만원

○ 주요 경영 현황

농장 특징	□ 해발 400~600m 고지대인 청정지역 산지에서 생산 □ 병충해를 막는 농약만 일반 재배농가의 1/2만 살포 □ 두엄을 많이 해서 사과의 독특한 향과 맛을 살리고 당도가 높음
경영 현황	□ 퇴비는 버섯부산물과 축분, 계분, 톱밥, 유박을 함께 사용 □ 목초액, 생산발효액, 사과효소, 해초발효액을 액비로 사용 □ 품질관리 바인더 관리와 물 관리, 약제관리, 시비관리와 같은 기본에 충실함
인증	□ 친환경농산물 인증서 17-19-4-06

○ 주요 생산품(사과)　　　　　　　　　　○ 농장사진

69) 빨강농원 (김유용)

○ 농장개요

대표자명	김유용
농 장 명	빨강농원
주　　소	경남 거창군 고제면 봉산리 2103-2
전화번호	055-944-4874
주요생산품	사과
규모 및 매출	과수원 19,834㎡, 연간매출 120백만원

○ 주요 경영 현황

농장 특징	□ 해발 600m고지에서 사과를 재배하며 낮과 밤 기온차가 큼 □ 해풍망, 방조망, 관수설비가 완비되어 있음 □ IPM(병해충종합방제)방법으로 사과를 생산하고 있음
경영 현황	□ 원자재 구입시 농협과의 직거래를 통해 원가를 절감 □ 신뢰가 쌓이도록 오랫동안 안정적으로 공급하고 리콜제 실시 □ 인맥을 통해 인력수급하고 인부작업 시 재해보험 필요
인증	□ 친환경농산물 인증서 17-19-4-25

<table>
<tr><td>○ 주요 생산품(사과)</td><td>○ 농장사진</td></tr>
</table>

70) 풍국농원 (노명애)

○ 농장개요

대표자명	노명애
농 장 명	풍국농원
주 소	경남 김해시 대동면 주동리 975-1
전화번호	055-331-6689
주요생산품	과수
규모 및 매출	과수원 19,173㎡, 연간매출 100백만원

○ 주요 경영 현황

농장 특징	□ 풍부한 일조량과 과실 성숙기의 주·야간 일교차가 심해 탄수화물의 축척이 많음 □ 땅의 기운을 보존하기 위해 풀과 왕겨 전정목 파쇄물 등으로 토양을 피복함으로써 보습력을 유지 □ 참다래 로고와 다래 이미지를 형상화한 포장재를 자체 제작
경영 현황	□ 모노레일설치, 저온저장고18평, 선별기, 액비제조기, 잔가지파쇄기 □ 제초제 사용을 일체 금지하고 유기물 사용위주의 농법으로 영농관리하고 있음 □ 컴퓨터 관리시스템으로 전자동 관리로써 온도, 수분자동체크, 시간대별 체크함
인증	□ 친환경농산물 인증서 17-07-3-37

○ 주요 생산품(참다래)	○ 농장사진

71) 매천머쉬농장 (최혁구)

○ 농장개요

대표자명	최혁구
농 장 명	매천머쉬농장
주 소	경남 의령군 화정면 석천리 694-3
전화번호	055-572-4135
주요생산품	버섯, 쌀
규모 및 매출	논 39,669㎡, 시설 1,586㎡ 연간매출 266백만원

○ 주요 경영 현황

농장 특징	☐ 친환경 농법으로 쌀을 생산해 소비자에게 직거래로 재배 함 ☐ 친환경농법전환 및 컨설팅을 통한 재배환경 전환으로 안전농산물 생산 ☐ 주·야 기온 편차가 크기 때문에 버섯과 고품질 쌀 생산에 유리함
경영 현황	☐ '토요애' 의령군 공동브랜드로 상품의 대외교섭력 증대 ☐ 고품질 쌀 저장고 및 버섯 유통 시 저온저장고 완비, 첨단 기기 시설로 자동화 환경 관리 ☐ 소비자 초청 및 버섯수확 벼메뚜기 잡기 우렁이 잡기 연중행사
인증	☐ 친환경농산물 인증서 17-11-3-5(버섯) ☐ 친환경농산물 인증서 17-11-3-18(쌀)

○ 주요 생산품(버섯)	○ 농장사진
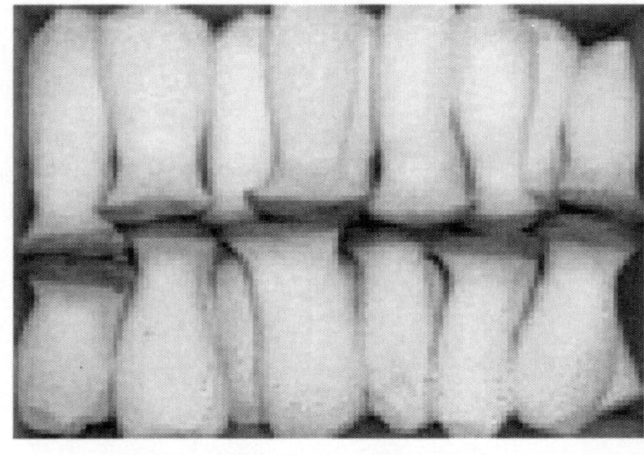	

72) 다모아농장 (정정용)

○ 농장개요

대표자명	정정용
농 장 명	다모아농원
주　　소	경남 하동군 하동읍 광평리 429-11
전화번호	055-883-2602
주요생산품	매실, 곶감
규모 및 매출	과수원 198,348㎡, 연간매출 100백만원

○ 주요 경영 현황

농장 특징	□ 지리산 자락 섬진강변에서 교통이 편리하고 이미 전국에 유명지로 소문나 판매가 용이하고 맛과 향이 독특하다 □ 매실 농원에 스프링클러가 설치되어 있는데, 어느 농원에서도 볼 수 없는 자체 개발한 우수 품종이 많이 식재되어 있다 □ 친환경 농자재 16종류 이상 직접 개발 제조함
경영 현황	□ 친환경 약재 16종류는 자체 생산 및 제조 약재 제조 방법을 배우러 오는 농가가 많음 □ 고산지대에서 미생물을 채취 배양하여 퇴비와 혼합 살포 한지 6년이 넘었음 □ 고객이 방문 시 직접 수확하면 인건비와 택배비 공제하여 판매함
인증	□ 친환경농산물 인증서 17-16-2-04

○ 주요 생산품(매실)	○ 농장사진

73) 천석농장 (김재식)

○ 농장개요

대표자명	강재봉
농 장 명	천석농장
주 소	부산 강서구 죽동동 229-1
전화번호	051-971-8545
주요생산품	쌀
규모 및 매출	논 347,109㎡, 연간매출 275백만원

○ 주요 경영 현황

농장 특징	□ 수리시설이 용이하며 점질토로 토양이 구성되어 있음 □ 기름진 토양에 쌀 생산과 운반이 용이한 도시 근교 □ 남쪽이며 강우량 적당하고 재해가 극히 드문 곳
경영 현황	□ 규산질 비료를 논 전면 살포하여 토양을 철저히 관리 □ 쌀은 품종별로 선별하여 도정, 미질 관리에 철저 □ 찰벼 5% 혼합 맞춤식으로 하고 있음
포상	□ 고품질 상(진흥청장, 농촌공사장)

○ 주요 생산품(천석농장 쌀)　　　　　○ 농장사진

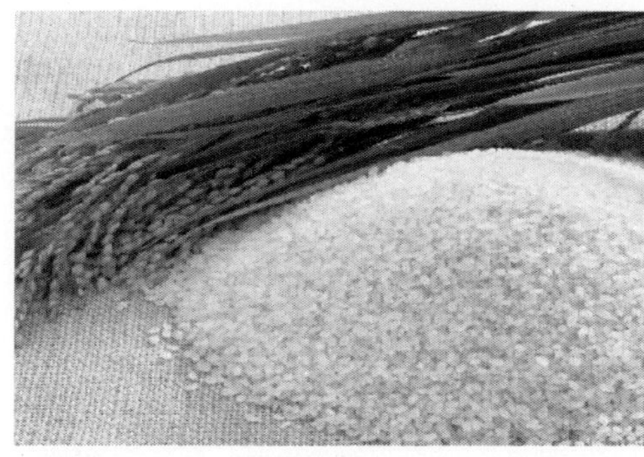

74) 서귀포감귤농원 (김순정)

○ 농장개요

대표자명	김순정
농 장 명	서귀포 감귤농원
주 소	제주 서귀포시 보목동
전화번호	064-733-1459
주요생산품	감귤
규모 및 매출	과승원 13,223㎡, 연간매출 50백만원

○ 주요 경영 현황

농장 특징	□ 관행 재배 방식에서 탈피, 제초제 사용을 배제하고 농약사용 횟수를 줄이는 한편 유기농법 도입 등 친환경 농법으로 생산 □ 생육기간이 길어 자연 노지 상태에서 재배해도 당도가 월등함 □ 관수시마다 유산균 및 아미노산액비를 혼용 살포함으로써 나무를 튼튼하게 해 줌
경영 현황	□ 초생재배를 하고 있으며 수확기에는 칼슘제를 사용 □ 수분관리에 역점을 두고 광합성미생물 등을 주고 살포함 □ 무농약으로 재배한 당근, 감자를 사은품으로 제공
인증	□ 친환경농산물 인증서

○ 주요 생산품(감귤)   ○ 농장사진

75) 희농원(오성탁)

○ 농장개요

대표자명	오성탁
농 장 명	희농원
주 소	제주 서귀포시 토평동 2373-2
전화번호	064-762-2561
주요생산품	감귤
규모 및 매출	과수원 10,578㎡, 연간매출 80백만원

○ 주요 경영 현황

농장 특징	□ 40여년의 농사경험을 바탕으로 품질인증획득 □ 초생재배로 관리하며 아미노산액이 목초액 등을 유기질 비료와 혼합하여 사용함 □ 제초제를 사용하지 않고 유기질 퇴비를 충분히 시비하여 지력을 증진시킴
경영 현황	□ 하우스 가온재배로 과육이 부드럽고 과피가 매끈하고 괴택이 아름다움 □ 목초액, 생선아미노산 등 천연재료를 사용하여 재배함으로써, 친환경 인정을 획득 □ 주말농장에서 나오는 수확물은 무상으로 가져가게 함으로써 방문이 늘고 판매도 증가함
인증	□ 친환경농산물 인증서

○ 주요 생산품(감귤)	○ 농장사진

76) 거문여장미농원(강창준)

○ 농장개요

대표자명	강창준
농 장 명	거문여장미농원
주 소	제주 서귀포시 토평동 380-2
전화번호	064-732-6038
주요생산품	화훼
규모 및 매출	시설 6,611㎡, 연간매출 100백만원

○ 주요 경영 현황

농장 특징	□ 태양에너지를 이용하는 방식으로 시설을 점차 개조하고 있음 □ 상품공급을 위해 소비자의 지속적인 관심을 체험행사와 연계하여 실시하고 있음 □ 정보 교환 및 철저한 관리로 직접 생산한 화훼를 중간 유통과정을 과감히 생략
경영 현황	□ 꽃 박람회는 전부 참여하여, 다양한 정보를 교류 □ 신기술을 앎으로써 향후 농장 경영의 소중한 자료로 활용 □ 박람회나 여러 행사장을 통해 수출계약을 맺기도 함
인증	□ 신지식농업인 인증서 1999-29

○ 주요 생산품(거미줄 바위솔)	○ 농장사진

77) 귀농농가(이달진 김미화 부부)

○ 농장개요

대표자명	이달진, 김미화
주 소	경남 거창군 거창읍 송정리 산125
귀농상황	2010년 10월 귀농
재배작목	밭작물
수료과정	2010년 도시민 농업창업 과수과정(안성교육원)

○ 주요 경영 현황

귀농 현황	□ 2009년 (주)○○산업 희망퇴직 □ 2010년 부부가 함께 귀농함 □ 땅과 집에 고정투자를 하지 않음 □ 밭 2,000평을 임대하여 채소 등을 심고 있음 □ 임대 농지라 과수 식재가 어려움 □ 딸이 한국농업대학에 입학 □ 거창군 농업기술센터에서 귀농을 위한 정보제공 및 모임을 많이 주선해주어 많은 혜택을 받고 있음

○ 방문사진	○ 농장사진

78) 귀농농가(이준재 농가)

○ 농장개요

대표자명	이준재
농 장 명	봉화 자연농원
주 소	경북 봉화군 봉화읍 유곡리 754
귀농상황	2010년 귀농
재배작목	블루베리, 체리
수료과정	2010년 도시민 농업창업 과수과정(안성교육원) 2011년 블루베리 교육과정(안성교육원)

○ 주요 경영 현황

귀농 현황	□ 2010년 ○○ 퇴직 후 귀농 □ 2010년 과수원 부지 3.600평 구입하여 블루베리에 맞게 토양 개량중임 □ 블루베리 1,600주, 체리 200주 신생묘 식재 준비중(체리 50주는 6년생을 심어 올해부터 수확예정) □ 체리는 군에서 묘목 값 50% 지원받음 □ 친환경 농법으로 제초를 위하여 수피(나무껍질)을 바닥에 깔아서 재배

○ 방문사진	○ 농장사진

79) 귀농농가(유충열 농가)

○ 농장개요

대표자명	유충열
농 장 명	선복농원
주 소	이천시 장호원읍 와현리
귀농상황	2010년 7월 장호원으로 귀농
주요생산품	복숭아
수료과정	2010년 도시민 농업창업 과수과정(안성교육원)

○ 주요 경영 현황

귀농 현황	□ 살림집은 장호원 읍내에 있으며, 농장에는 콘테이너 창고와 작은 하우스가 있음 □ 복숭아 과원 1,300평을 인수하여 15년생 복숭아 50주 관리중 □ 2010년에 120주 신규 식목함(조생,중상,만생) □ 토지 구입비 등 정부에서 귀농 정착지원금 지원받음 "안성교육원의 교육 덕분에 귀농 정착을 5~6년 앞당긴 거 같다"

○ 방문사진

○ 농장사진

80) 귀농농가(조한영 농가)

○ 농장개요

대표자명	조한열 농가
농 장 명	양지애농장
주 소	이천시 장호원읍 나래2리 591-2
귀농상황	2010년 장호원으로 귀농하여 복숭아 농장 운영중
주요생산품	복숭아
수료과정	2010년 도시민 농업창업 과수과정(안성교육원)

○ 주요 경영 현황

귀농 현황	□ 2010년 도시민 농업창업 과수과정 자치회장 □ 장호원에서 복숭아 농장 운영중 □ 2010년 복숭아 240주 전체를 신품종으로 갱신하여 □ 2011년에는 과원관리에 중점 " 2박 3일 실시하는 단기과정보다 장기 합숙교육인 안성교육원 귀농교육이 정말 도움이 되었다"

○ 방문사진	○ 농장사진

81) 감고을 농원(임윤철)

○ 농장개요

대표자명	임윤철
농 장 명	감고을농원
주 소	경남 밀양시 청도면 인산리 348
전화번호	055-351-0708
주요생산품	과수
규모 및 매출	과수원 39,669㎡, 연간매출 85백만원

○ 주요 경영 현황

농장 특징	□ 햇빛을 많이 받고 통풍이 잘되어 나무가 스트레스를 받지 않아 병해충에 강함 □ 제초를 사용하지 않으며 친환경 자연농법을 실천하기 위해 노력 □ 호밀, 여름풀 등 과수원내에서 식물성 퇴비를 자가 생산해 토양에 유기물 함량이 충분함
경영 현황	□ 수확물을 선별하고 대기 시간 없이 자가 저장 시설에 저장하므로 최상의 과일 품질을 유지 □ 안정성을 가장 중요시하고 천적을 활용한 친환경 재배 추구 □ 감식초, 감고을, 멸치액젓을 사은품으로 증정하여 높은 반응
인증	□ 친환경농산물 인증서 저농약 제17-08-4-52호 □ 지자체별 인증서 단감 0501140호, 대봉 0501141호

○ 주요 생산품 (단감) | ○ 농장사진

참고문헌

김선미, "살림의 밥상", 동녘, 2010. 9

김석중, "포도시 포도를 사랑하고", 향지사, 2002. 8

김화년, "식량쇼크", 씨앤아이북스, 2012. 4

김환표, 아주 낯선 쌀의 역사 "쌀밥전쟁", 인물과 사상사, 2006. 7

김종덕, "먹을거리 위기와 로컬푸드", 이후, 2009. 5

농림수산식품부,『통계로 보는 세계속의 한국농업』2006

농림수산식품부,『국제농업소식』2008

농촌정보문화센터, "세상에서 가장 젊은 농부들", 2009. 8

브루스터닌(저), 안진환(역), "누가 우리의 밥상을 지배하는가", 시대의 창, 2008. 5

서경석, "위기의 밥상 농업", 미래아이, 2010. 9

이성우,『한국식생활사연구』, 행문사, 1978

오덕화·전성군, "3분 스피치 100선", 농민신문사, 2009. 8

장재우, "쌀과 육식문화의 재발견", 청록, 2011. 12

전성군, "초원의 유혹", 한국학술정보, 2007. 11

전성군, "농업 농촌 농협 논리 및 논술론",한국학술정보, 2012. 3

전성군, "녹색으로 초대, 힐링경제학", 이담북스, 2013. 7

전성군 외, "그린세담", 이담북스, 2009. 4

환경미디어, "월간 환경미디어(2014. 3월호~8월호)", 미래는 우리손안에, 2014.

현의송, "21세기 신사유람단의 밥상 경제학", 2006. 8

栗原藤七郎,『東洋の米 西洋の小麥』, 東洋經濟新報社, 1964

中岡哲郎編,『自然と人間のための經濟學』, 朝日新聞社, 1986

福岡克也,『森と水の經濟學』, 東洋經濟新報社, 1987

松尾嘉郎 ・ 奧薗壽子,『地球環境を 土からみると』, 農文協, 1990

大內力,『農業の基本的價値』, 家の光協會, 1990

東井正美外,『現代日本農業論』, ミネル書房, 1990

전성군

전북대학교 대학원(경제학박사)과 캐나다 빅토리아대학 및 미국 ASTD를 연수했다. 현재 농협안성교육원 교수, 전북대 겸임교수, 농진청 녹색기술자문단 자문위원, 마을디자인 자문위원, 한국귀농귀촌진흥원 자문위원, 시인(자유문예 작가협회회원)등으로 활동 중이다. 주요저서로 〈초원의 유혹〉〈초록마을사람들〉〈최신협동조합론〉〈정읍별곡〉〈녹색으로 초대 힐링경제학〉〈협동조합교육론(공저)〉 등 다수가 있다.

송춘호

일본 북해도 대학 대학원(농업경제학박사) 및 북해도 대학 객원교수를 역임했다. 현재 전북대학교 농업생명과학대학 농업경제학과(생명자원유통경제)교수, 한국식품유통학회 이사, 신협중앙회 논문집 편집위원, 사단법인 익산시 서동마 향토사업단장 등으로 활동 중이다. 주요저서로 〈알짜배기 쌀농사〉〈농산물 마케팅 전략〉〈농식품 마케팅전문가를 위한 기획전략〉〈협동조합지역경제론(공저)〉등 다수가 있다.

스마트
생명자원경제론

초판인쇄 2014년 11월 07일
초판발행 2014년 11월 07일

지은이 전성군·송춘호
펴낸이 채종준
펴낸곳 한국학술정보㈜
주소 경기도 파주시 회동길 230(문발동)
전화 031) 908-3181(대표)
팩스 031) 908-3189
홈페이지 http://ebook.kstudy.com
전자우편 출판사업부 publish@kstudy.com
등록 제일산-115호(2000. 6. 19)

ISBN 978-89-268-6723-5 13520